矿井全风量降温系统理论方法与技术应用

范建国　冯小平　王振平　著

U0325849

应急管理出版社

·北　京·

图书在版编目（CIP）数据

矿井全风量降温系统理论方法与技术应用 / 范建国，
冯小平，王振平著 . -- 北京：应急管理出版社，2024.
ISBN 978 - 7 - 5237 - 0641 - 1

I . TD72

中国国家版本馆 CIP 数据核字第 2024F3Z414 号

矿井全风量降温系统理论方法与技术应用

著　　者	范建国　冯小平　王振平
责任编辑	唐小磊　孔　晶
责任校对	孔青青
封面设计	罗针盘

出版发行	应急管理出版社（北京市朝阳区芍药居 35 号　100029）
电　　话	010 - 84657898（总编室）　010 - 84657880（读者服务部）
网　　址	www.cciph.com.cn
印　　刷	河北赛文印刷有限公司
经　　销	全国新华书店

开　　本	880mm × 1230mm$^1/_{32}$　印张　$7^1/_4$　插页　1　字数　191 千字
版　　次	2024 年 7 月第 1 版　2024 年 7 月第 1 次印刷
社内编号	20240631　　　　定价　56.00 元

前　　言

　　目前，我国煤矿开采深度逐渐增加，开采深度超过800 m的矿井已有200多处，开采深度超过1000 m的矿井已有47处，仅山东省就占21处。矿井进入深部开采后，存在严重的高温热害问题，影响了矿井安全生产。高温热害会破坏作业人员身体热平衡，使人心理、生理反应失常，导致劳动生产率下降，安全事故发生率增大。因此，深部矿井高温热害是目前亟待解决的突出问题之一。

　　研究表明，矿井热害具有明显的季节性特征，表现为夏季出现热害或热害加重，可分为三种类型热害矿井：一是"季节性热害矿井"，此类矿井热害主要出现在夏季；二是"热害较严重矿井"，此类矿井热害主要出现在夏季和春秋季，其中夏季热害更加严重；三是"热害严重矿井"，此类矿井一年四季都出现热害，其中夏季热害更加严重。其主要原因是夏季地面高温高湿空气进入井下，通风空气热能大于其井下巷道调热圈调节能力，使采掘工作面风流焓值增大，加之煤岩层、矿井水与采掘机械设备散热等因素，使得工作面环境温度显著上升，从而形成高温热害。为此，作者提出了"全风量降温技术治理矿井热害的方法"。该项技术采用在地面进风井口设置集中式制冷站，即通过管道输送低温冷冻水（5~7 ℃）到井口空气处理系统，将空气降温除湿后送入井下，经过巷道围岩调热圈调热及风流热湿交换，降低矿内风流温湿度，消除高温热害影响。

针对不同热害程度特征的矿井，作者提出了应用"全风量降温系统""全风量降温系统"+"局部式降温系统"和"全风量降温系统"+"集中式降温系统"治理"季节性热害矿井""热害较严重矿井"和"热害严重矿井"的热害治理方法。

作者带领研究攻关团队开展了"矿井深部通风降温技术研究""矿井全风量降温关键技术研究与工程示范"等课题研究，系统研究了"季节性热害矿井"的巷道围岩调热机理及热害形成机制、矿井巷道围岩温度场分布规律及矿井热环境参数的分布特征及变化规律、井口入风参数及空调系统冷负荷预测、基于矿井余热利用的矿井降温系统与方法、矿井大风量处理的方法和工艺、无动力换热器以及矿井井口封闭装置等关键技术。研究提出的矿井热害治理方法在山东的赵楼、万福、龙堌、济宁二号、济宁三号、东滩、鲍店、兴隆庄、星村等矿井成功应用，很好地解决了季节性热害对矿井生产的影响，提高了我国深井热害防治技术水平，可以向全国类似的高地温矿井热害治理推广和应用，经济效益、环境效益和社会效益十分显著。

本书的编写是基于山东能源集团与江南大学、西安科技大学以产学研合作方式共同完成的"矿井全风量降温关键技术研究与工程示范"等课题研究成果的总结。课题研发过程中，得到了山东能源集团"煤矿充填开采国家工程研究中心"和山东康格能源科技有限公司的大力支持。经过课题组成员联合攻关，形成了具有自主知识产权的创新性技术，并荣获 2015 年中国煤炭工业科学技术二等奖、2019 年山东省科技进步三等奖。

　　本书的出版感谢山东能源集团有限公司、无锡轻大建筑设计研究院、煤炭工业济南设计研究院、山东天安矿业集团等单位的支持。

　　由于作者水平有限，书中难免出现不足之处，恳请读者批评指正。

作　者

2024 年 3 月于山东济南

目　次

1 绪 论

1.1 煤炭资源开采现状

近年来，随着我国工业化进程的加快，能源需求日益提高。煤炭资源作为能源结构中主要的一环，其消耗一直居高不下。在我国一次能源生产结构中，煤炭资源一直占比 65% 以上，在能源消费结构中也一直保持在 55% 左右。尽管在"双碳"目标背景下，我国加快推动能源绿色低碳转型，推进煤炭消费替代和转型升级，煤的消费比重相对降低，但是当前新能源仍旧面临安全可靠程度低、随机波动性高以及负荷波动幅度大等诸多问题。"富煤贫油少气"的基本国情决定了我国以煤炭为主的能源结构短期内难以根本改变。据相关研究表明，到 2050 年，煤炭在我国所占的能源比重仍将在 50% 以上。因此，尽管我国能源结构调整步伐加快，清洁化、低碳化趋势明显，但在未来相当长时间内，煤炭作为主体能源的地位不会改变，煤炭资源在我国消费结构中仍将处于较高水平。2021 年煤炭消费量占能源消费总量的比重仍占 56%，如图 1-1 所示。

鉴于煤炭资源的不可再生性，经过长期、大规模的开采，我国浅部的煤炭资源逐渐减少。为满足能源需求，矿井采深势必不断向深部延伸，深部煤炭资源的开采将逐步走向常态化。相关资料显示，我国埋深超过 1000 m 的煤炭储量为 2.44×10^{13} t，占煤炭总储量的 63%。截至 2022 年初，我国采深超过 1000 m 的矿井已达到 50 余座，如新汶煤田孙村煤矿的开采深度已高达 1501 m，新矿集团华丰、协庄、潘西煤矿的开采深度均已超过 1000 m，徐矿集团夹河、张集、济宁星村煤矿以及沈煤集团红阳三矿的开采深度均已超过 1200 m。矿井采深逐年以 8~12 m 的平均速度向

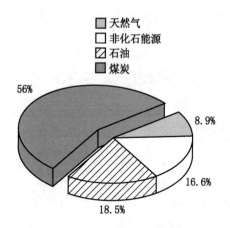

图 1-1　2021 年能源消费结构

地球深部延伸，其中东部地区以逐年 10~25 m 的速度递增。我国重点煤矿的平均采深变化情况如图 1-2 所示。

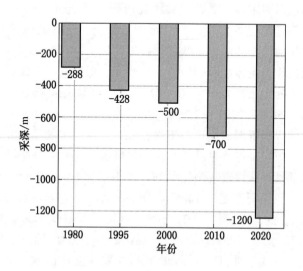

图 1-2　我国重点煤矿的平均采深变化

1.2 矿井热害

目前，我国矿产资源勘探深度远低于矿业发达国家，向地球深部进军是我国战略科技需求。与浅部开采不同的是，矿井深部煤炭资源的赋存环境极其恶劣，高地应力、高地温、高涌水量是矿井深部环境的典型特征。其中，由高地温引起的高温热害问题是我国目前矿井深部开采面临的重要难题。在我国，当恒温带取15 ℃时，矿井千米处的地温大多在35~45 ℃之间，大多数矿井的地温梯度保持在2~4 ℃/hm。除高地温外，空气自压缩放热、煤氧化放热、机电设备运行中散热以及矿井作业人员散热也是导致矿井高温热害的诱因之一。

现阶段，我国东部地区（江苏、安徽、山东）、中部地区（河南）以及北部地区（河北、辽宁）的矿井高温热害问题日益突出。其中，大多数矿井的高温热害问题是由开采深度大、原始岩温高所导致的。据统计，中东部地区矿井的平均采深已超过800 m，原始岩温已超过40 ℃，是当前我国热害程度最高的区域。根据《煤矿安全规程》规定，采掘工作面的空气温度不得超过26 ℃，机电设备硐室的空气温度不得超过30 ℃；当采掘工作面的空气温度超过30 ℃、机电设备硐室超过34 ℃时，必须停止作业。但实际上，我国诸多深部矿井在不采取机械降温的情况下，工作面温度均已超过上述规定的安全阈值。例如，位于安徽省庐江县境内的泥河铁矿，其开采深度达1180 m，最高地温达40.9 ℃，工作面温度达30 ℃；位于江苏省徐州市北郊的张小楼煤矿，其开采深度高达1200 m，最高地温达42 ℃，−1000 m处水平巷道的空气温度达31~34 ℃；位于新汶煤田东部的孙村煤矿是国内迄今为止开采深度最大的矿井，其开采深度已达1500 m以上，最高地温已高达45 ℃，部分工作面的温度常年稳定在34~36 ℃，矿井热害现象严重。

事实上，不仅我国，世界各国在对矿产资源深部开采的过程中也同样面临着十分严峻的高温热害问题。据相关文献统计，德国、英国、苏联、南非等国家矿井开采深度更深，最大开采深度已达 3000 m，最高地温已达 70 ℃，见表 1-1。

表 1-1　国外矿井采深和地温情况统计

地区	平均开采深度/m	最大开采深度/m	最高地温/℃	平均地温/℃
德国	900	1712	60	41
英国	700	1200	50	35
波兰	690	1300	52	35
苏联	800	1400	54	40
南非	1200	3000	70	45

由表 1-1 可知，各国矿井在向深部延伸的过程中，地温变化趋势类似。随着采深的增加，地温不断升高。当最大开采深度超过 1200 m 时，最高地温均达到 50 ℃以上，高温热害严重。

矿井进入深部开采后，人体在深井环境下的热适应能力是有限的。所处环境的空气热力参数一旦超过人体承受极限，会使人体产生一系列不适。研究结果表明，当环境的空气温度在 18～25 ℃，相对湿度在 40%～70% 时，人体能通过代谢调节维持其正常的生理体征。在我国，矿井工作人员长期处于高温高湿的作业环境下，严重破坏了自身的热应力平衡，易使生理调节发生障碍，从而引发呼吸不畅、胸闷、心悸、呕吐、皮肤过敏等症状。如未能及时采取通风降温等相应措施，进一步将致人中暑，甚至造成急性热衰竭死亡，对工作人员的人身安全构成极大威胁。

同时，由于高温环境会对人体中枢神经系统产生抑制作用，劳动人员长时间在井下作业，容易出现注意力不集中、反应能力迟钝、性格暴躁等现象，进一步滋生惰性心理、麻痹心理和过激心理等不安全心理，致使工作中的伤亡频次明显提高。据相关资料统计，国外南非某深部矿井的工作面温度达 29 ℃以上时，井下工作人员的伤亡频次明显上升；国内湘潭市某矿井随着工作面温度的升高，伤亡频次从最初的 0.155 急剧上升至 0.486，见表 1-2。

表 1-2 南非及湘潭市某矿井工作面的伤亡频次

南非矿井		湘潭市某矿井	
工作面温度/℃	伤亡频次（次/千人）	工作面温度/℃	伤亡频次（次/千人）
27	0	29	0.155
29	0.148	30	0.231
31	0.296	31	0.320
33	0.442	32	0.486

另外，矿井发生火灾、瓦斯爆炸等安全事故时，高温热害也是重要诱因之一。据有关研究表明，矿井的高温环境会破坏煤岩体中复杂的孔隙结构，使孔隙中原本已吸附的瓦斯向外逸散。具体表现为温度越高，煤岩体的渗透性越强，由温度升高所引起的瓦斯气体分子热运动越发剧烈，导致煤岩体对瓦斯的吸附能力变弱。瓦斯气体的相关成分有 CO_2、C_2H_6、CH_4，不同成分间的逸出率亦有所差别。逸出瓦斯气体中不同成分的浓度与煤温间的关系如图 1-3 所示。由图可知，CO_2、C_2H_6 及 CH_4 的浓度均在煤温 32 ℃时发生突变，其中 CH_4 的浓度变化最为显著。说明当煤温达 32 ℃以上时，瓦斯气体的逸出率陡然上升，且逸出气体中 CH_4 浓度最高。在实际工程中，当煤岩体逸出瓦斯过多，造成巷道中瓦斯浓度偏高时，容易引发矿井火灾和爆炸等事故，严重威胁井下劳动人员的生命安全。不仅如此，高温环境还会缩短采煤机、掘进机、破碎机等机械设备的正常使用寿命。井下环境温度以 30 ℃为临界值，往后温度每上升 1 ℃，机电设备的故障率将增加 1 倍以上，极大增加了企业的设备维护成本。

综上所述，在矿井深部开采的过程中，高温热害会严重危害作业人员的生理和心理健康，缩短机械设备的使用寿命，甚至会

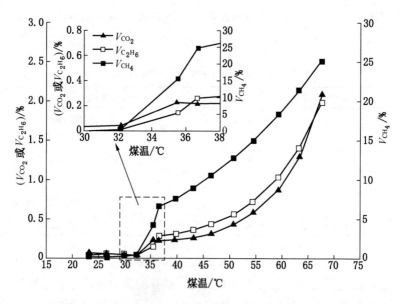

图 1-3　逸出瓦斯气体中不同成分的浓度变化及局部放大图

诱发矿井火灾、瓦斯爆炸等事故，给矿井的安全生产带来极大隐患。

1.3　国内外研究现状

1.3.1　风流与围岩热湿互馈理论研究现状

事实上，矿井巷道在未形成前，围岩各点的温度均为原始岩温。但当巷道形成并通风后，井下围岩原先的热平衡状态会被破坏。考虑到壁面与风流间存在温差，两者间将会产生对流换热。一般来说，刚暴露的围岩温度较高，会不断向巷道中的低温空气散热，而围岩所逸出的热量被矿井通风系统不断带离井下，致使围岩的冷却范围不断向深部延伸，各点温度不断降低，但该冷却范围的大小是有限制的。在围岩深处存在某一点的温度仍为原始岩温，当围岩温度冷却至该处时，冷却范围将不再扩大。由此可知，围岩从深部某处向壁面产生热移动，热量以热传导方式从围岩深部某处传向围岩壁面，再由壁面以对流换热、辐射、水分蒸发的方式传向井巷风流。这一过程是随通风时间和围岩位置变化的非稳态传热过程，其影响因素众多，如岩体的导温系数、原始岩温、风流的温湿度、风速、壁面的潮湿度等。

苏联学者舍尔巴尼最先给出了井巷风流与围岩间不稳定换热系数K_τ的定义，并用K_τ来描述井巷风流与围岩壁面间的传热过程。同时，通过理论分析推导出了不稳定换热系数K_τ的解析式，指出了K_τ与毕渥数B_i、傅里叶数F_0相关。当巷道刚形成（F_0值较小）时，B_i值增大，井巷风流与围岩壁面间的换热更为彻底，换热量将显著增大；当巷道长时间通风后（F_0值较大），B_i值的变化对两者间的换热影响不大。但上述研究中仅给出了K_τ的解析式，并未得出可用于实际工程中的应用计算式。

日本学者平松良雄在上述基础上，给出了K_τ的计算式。计算式中η为无量纲数，其与巷道形状、对流换热系数、风速及通风时间等因素有关。

岑衍强给出了无因次不稳定换热系数K_τ的定义，并通过理论推导、计算得到了K_τ的理论解。但由于其计算过程复杂，不利于工程应用，故又通过五元回归模型方法提出足够精度的数值解公式。

周西华等通过理论研究，推导得出了不稳定对流换热系数K的理论解和近似式。同时，为研究巷道壁面温度和不稳定换热系数的变化情况，选择在兖州东滩矿掘进4306工作面运输巷时开展现场实测。研究结果表明，巷道围岩调热圈半径随通风时间呈平方根关系变化，不稳定换热系数随时间呈负幂指数变化。

刘何清等根据矿井围岩热交换的特点，建立了一维径向非稳态微分方程。随后，采用分离变量法，并引入范数，计算得出了围岩内部的温度分布函数以及壁面处的温度梯度，并通过实例和公式验证了该分布函数和不稳定换热系数解析式的准确性。

Malcolm通过理论研究和相似试验，研究分析了对流换热系数的计算方法及其影响因素，并推导总结出了相应的对流换热系数计算公式。

孟庆林等基于湿空气状态方程，并利用刘易斯关系通过理论推导得出了潮湿状态下水分蒸发换热系数h_e的计算公式。同时，通过对水分蒸发换热系数h_e的影响因素进行主次性分析，得出空气流速对水分蒸发换热系数h_e的影响远大于空气湿度。

高佳南等基于井巷风流与壁面间的热湿交换理论，结合矿井实际，推导出了对流换热系数的计算式。随后，通过敏感性分析法，得出了各因素对对流换热系数的影响程度大小。研究结果表明，风速的变化对对流换热系数的影响程度最大，巷道摩擦阻力系数次之，而巷道半径的变化对其影响程度最小。

侯棋棕等基于热湿交换理论，构建了围岩与风流间热湿交换的温湿度预测模型，并通过某矿井水平巷道的实测温湿度，验证了该预测模型的准确性和可行性。同时考虑到井巷围岩壁面部分潮湿时会对井巷围岩与风流间的热交换量计算造成较大误差。为此，侯棋棕提出采取引入潮湿覆盖率这一系数来修正解决，为矿井围岩散热计算提供了更为准确的方法。

李宗翔等采用 Matlab 软件自编计算程序，研究了巷道中水分蒸发吸热对风流温度分布的影响。研究结果表明，围岩向风流中所传递的热量不一定损耗于显热，造成风流温度上升；也可能损耗于潜热，造成巷道壁面和风流温度一起降低。

辛嵩等针对井巷围岩热传导过程，构建了风流温度周期性变化的围岩传热模型，并通过求解计算得出了井巷壁面温度和围岩散热量的表达式。

张一夫等基于热湿交换理论，利用 C++语言自编计算程序，研究了巷道风流参数的影响因素。研究结果表明，巷道的风流温度主要受进口风温、局部热源及原岩温度的影响，而风流的相对湿度则受进口空气温湿度、矿井湿源的影响。

综上所述，国内外学者对井巷风流与围岩间的不稳定换热系数进行了深入研究，并在此基础上，对矿井风流温度的影响参数及分布规律进行了分析。以上研究成果完善了井巷风流与围岩间的热湿交换理论，为矿井的风温预测、降温系统的设计提供了参考依据。但由于井下环境复杂，地质条件差异大，矿井风流温度的影响因素诸多，故井巷风流与围岩间的热湿交换理论仍需进一步研究与完善。

1.3.2 巷道围岩调热圈研究现状

当采掘开始后，井下围岩原先的热平衡状态会立即遭到破坏。由于井巷围岩体与风流间存在温差，所以将产生热湿交换，高温围岩不断被风流冷却。随着通风时间的加长，该冷却范围不断向深部延伸，围岩各点温度也随之下降。围岩被风流冷却的范围称为调热圈，调热圈内的温度分布称为调热圈温度场。

为有效治理矿井的高温热害，国内外学者对围岩调热圈温度场进行了大量研究。德国学者 Heise Drekopt 最先定义了围岩调热圈的基本概念，并在围岩壁面温度呈周期性变化规律的基础上，通过统计研究分析了矿井围岩温度场的变化过程。随后英国学者 Van Heerden、德国学者 Köning 和日本学者平松良雄、天野等在前人研究的基础上，根据巷道的传热特性作出相应假设和简化，通过理论分析对矿井巷道围岩温度场进行计算求解，并求得其解析解，该解析解与 Carslaw 等学者采用数学计算方法所求得的结果相符合。苏联学者 Шеръанъ 为矿井围岩温度场的求解提供了更为精准的计算方法。德国学者 Nottrot 等为分析围岩温度场的变化情况，通过数值计算对其传热过程进行描述。日本学者内野健一针对不同岩体热物理性质、不同巷道尺寸，采用差分法分析了不同入口风温下围岩温度场的变化情况；并在壁面潮湿且巷道入口风温不固定的前提下，提出了新的计算方法。Sherrat 通过对某矿井中一段巷道进行加热，实测出围岩各点温度值，并将其与由公式计算所得的理论值相对比，得出了两者间的当量常数。随后，杨德源等基于柱坐标下，建立了一维瞬态井巷围岩导热微分方程，并得出理论解。根据该理论解，能得出不同通风时间下不同围岩深度处的温度值。但由于理想条件下构建的数学模型与井下现场实际不符，通过数值分析所得出的温度场变化规律可能会与实际情况不一致。

王志军、朱庭浩、胡金涛利用钻孔测温技术，实测出了朱集矿巷道径向围岩的各点温度值。通过对实测结果的观察，确定了该矿的调热圈半径和原始岩温，得出了朱集矿的地温分布规律。

侯棋棕等采用数值计算求解围岩温度场时，考虑到靠近壁面区域的温度梯度较大，远离壁面区域的温度梯度较小。因此，对径向围岩网格划分时，采取异步差分格式，不同区域因传热特征不同，取不同的差分步长。在保证计算精度的前提下，有效提高了计算效率。

吴强和孙培德采用有限单元法，构建了巷道围岩温度场的数学模型，并借助平顶山八矿 -430 m 处丁二进风大巷和戊组大巷的实测温度值，验证了该数学模型的准确性。以围岩内部传热非稳态为前提，分析了不同巷道形状、不同岩体介质下围岩温度场的分布特性。研究结果表明，巷道形状对围岩温度场分布影响不大；岩体为非均质时，围岩温度场呈椭圆形分布。

宋东平等利用 Matlab 软件自编解算程序，研究了巷道隔热层对围岩温度场分布的影响。研究结果表明，隔热层的存在使壁面温度显著降低，且随着隔热层厚度的增加，围岩温度受到扰动的程度减小，但对围岩温度场的最终分布无明显影响。

高建良等基于 Fortran 语言自编解算程序，针对巷道壁表面处于潮湿状态，研究了不同通风时间、围岩物理性质、巷道形状、风流与巷道壁面的对流换热系数、壁面潮湿度及风流相对湿度对围岩温度场分布以及调热圈半径的影响。研究结果表明，壁面潮湿度与风流相对湿度对浅部围岩的温度场分布影响较大；通风时间越长，岩体冷却范围越大，但冷却速度逐渐减小后趋向于0；岩体导温系数越大，其冷却速度越快，致使调热圈半径随之增大；而风流与巷道壁面的对流换热系数、壁面潮湿度、风流相对湿度以及巷道形状的变化则对围岩调热圈半径的影响十分有限。

樊小利等自编围岩温度场求解程序，采用半显式有限差分格式，研究了水口山康家湾铅锌金矿 1 号斜井 –294 m 处巷道的围岩温度场分布特征。研究结果表明，相比于一般差分格式，采用半显示有限差分格式的计算程序，其结果具有更高的精度。

秦跃平等采用有限体积法，自编计算机程序解算巷道围岩温度场，并通过相似实验结果，验证了该程序的准确性。在巷道入口风温恒定的前提下，研究了巷道围岩温度场的时空分布规律及其影响因素。研究结果表明，在相同条件下，当岩体导温系数较大时，围岩壁面处温度值略高；随通风时间的增加，围岩散热量降低。

王义江等为更准确地分析井巷围岩温度场的变化过程，研制了井巷传热相似模拟试验系统，并通过试验研究，分析了不同风温、不同风速下的巷道围岩温度场的分布情况。

张源基于相似理论，研制了矿井热湿环境相似模拟试验系统，提出了适用于巷道围岩温度场的相似准则和试验方法，并推导出了相似常数关系式。随后，通过数值模拟，得出了围岩无量纲温度——毕渥数 B_i，其变化规律呈一阶指数关系。

高佳南等基于有限差分法，利用 C 语言自编解算程序，研究了入口风温季节性变化下围岩温度场的变化规律。研究结果表明，围岩温度沿巷道径向呈季节性变化规律，但随着深度的增加，变化幅度逐渐减小；巷道风量的变化对壁温影响较大，但对围岩温度场的最终分布情况影响不大。

综上所述，国内外学者主要采用现场试验、理论分析和数值模拟等方法，对巷道围岩温度场的分布及变化规律进行研究，并取得了丰富的研究成果，为矿井热害治理提供了参考依据。

1.3.3 矿井降温技术研究现状

国外一些国家应用矿井空调技术已有 70 多年的历史。英国是世界上最早在井下实施空调技术的国家。早在 1923 年英国彭德尔顿煤矿就在采区安设制冷机冷却采煤工作面风流，巴西的莫罗维罗矿及南非的鲁宾逊深井也早在 20 世纪 30 年代采用了集中冷却井筒入风风流的方法降温。20 世纪 60 年代南非便开始了大型矿井的降温工作，矿井空调系统也逐渐大型化和集中化。

德国是世界上煤矿采深最大的国家。1985年德国煤矿平均采深已达900 m，最深的依本伦矿已达1530 m，矿井原始岩温最高达60 ℃。1990年德国商品煤产量约为7000×10⁴ t，矿井降温总制冷能力约285 MW，其中有180台平均制冷能力达到1200 kW的冷水机组、280台平均制冷能力为260 kW的冷风机组，使用的空冷器约600台。煤矿集中制冷站能力超过3.7 MW的有18个，制冷能力合计为126.9 MW。其中采用井下集中制冷系统的有8个，制冷能力计48 MW；采用地面集中制冷系统的有6个，制冷能力计53.4 MW；采用井上下联合制冷系统的有4个，制冷能力计25.5 MW。2006年，德国井工煤矿仅剩3个矿区，分别是鲁尔（Ruhr）区、萨尔（Saar）区和依本比仁（Ibbenbueren）区。全德国共有8对矿井，矿井开采深度都在800~1000 m以上，全部采用机械制冷降温系统，均采用地面集中式或井下集中式或混合式布置水冷机组。井下局部可移动式制冷系统仅作为上述系统的补充。

东欧国家以苏联和波兰为代表，矿井高温问题也相当严重。苏联矿井采深达1200 m，岩温高达40~45 ℃，最高达52 ℃。从20世纪70年代开始采用大规模的矿井空调降温系统，井下单机制冷能力最大达1.5 MW，地面单机制冷能力最大达4.2 MW。波兰煤矿平均采深为575 m，岩温为30~43.5 ℃。1983年波兰首次在井下安装了一套局部空调装置，制冷量为0.25 MW，此后，波兰的矿井空调技术得到较快发展。

世界上矿井空调规模最大的是南非金矿，全部装备矿井空调系统。南非对矿井空调新技术的研究十分重视，1985年11月首次在世界上采用冰作载冷剂。由于冰的溶解热高于水的比热，所以对于输送相同的冷量，冰的质量流量仅为水的1/5。

我国矿井空调技术的应用始见于20世纪60年代。在60年代初，我国开始采用小型制冷设备对矿井风流进行冷却。1964年，淮南九龙岗矿在某工作面和掘进迎头采用一台苏制4ΦY-10

型制冷机进行降温试验，取得了一定的效果。1966年，武汉冷冻机厂和抚顺煤矿研究所共同研制了JKT-20型矿用移动式空调器。1979年，两家企业在JKT-20型的基础上又研制出了JKT-70型矿用移动式空调机组，并在平顶山一矿使用，使用时配备了4台55kW的空冷器，使工作面温度下降了4~6℃。1980年，湖南某金属矿是我国第一个采用地面集中制冷、井下冷却风流空调系统的矿井。地面设置两台6AW-17型制冷机，制冷量达0.67MW，空冷器的实际供冷量达0.22MW，使工作面温度平均降低6~7℃，掘进效率提高78%~84%，这是我国矿井集中降温的雏形。1984年，山东新汶孙村矿在井下-400m水平建立了我国第一个井下集中制冷系统，设备为两台重庆通用机械厂生产的Ⅱ-JBF50×0型离心式制冷机，制冷量为1.75MW。冷水管道总长为1530m，管道保温材料为EPS可发性聚苯乙烯。空冷器设于工作面进风口，冷凝热利用矿井总回风流排放。由于输冷管路系统处于回风流中，冷损高达45%以上，制冷系统可靠性低、降温效果差。"七五"期间，平顶山八矿又建立了我国第二个井下集中制冷系统。制冷站设备选用了三台国产的Ⅲ-JBF50×0型离心式制冷机，一台德国产的WKMZ-1200型螺杆式制冷机组，总制冷能力为0.5MW，实际运转制冷能力为0.24MW。采煤工作面安设两台KBL-150型空冷器，安设位置距工作面进风口100m，掘进工作面安设一台KBL-90型空冷器，安设位置距迎头50~100m。供冷管道为双层隔热管道，隔热材料为聚氨酯泡沫塑料，管道冷损量为5.1%，冷凝热利用矿井总回风流排放，总排放量为0.3MW。降温前，平顶山八矿采掘工作面温度一般为29~32℃，最高达34℃。降温后，当采煤工作面风量为600~900m³/min时，风温降低4~6℃，当掘进工作面风量为80~130m³/min，风温降低3~6℃。1991年，山东新汶孙村矿在千米立井的地面建立了集中制冷系统，设3台制冷机组，2台国产、1台进口德国机组。但没有设进口高低压换热器，地面系统未投入运行。20世纪90年代末山东新汶孙村矿在考察平顶山五矿的井下集中制冷系统后，又在井下 -800 水平建立了集中制冷系统。此时的平顶山五矿、孙村矿的井下降温系统由于可靠性不高而未取得良好的降温效果。2002 年，新汶矿业集团在总结国内 20 年的矿井制冷降温经验教训后，考察了南非的地面集中制冰、井下输冰的降温系统，在千米立井设置了地面集中制冰、井下输冰的冰冷低温辐射矿井降温系统。

矿井降温技术主要分为非机械式降温和机械式降温。在热害治理初期，研究人员需要根据井下气温的变化规律以及热源分布情况，结合矿井现场实际，制定合适的热害治理方案。在实际治理时，矿井的降温措施主要有以下七种。

（1）加大风量。在矿井热害较轻时，加大风量是给矿井降温最直接的方式。但风量的加大是有限制的，它受规定风速和降温成本的制约。据有关试验结果表明：加大风量后，巷道气温短期会急剧下降。当风量加大到一定值时，基本不再影响巷道气温。

（2）优化通风方式。在保持采煤工作面风量不变的前提下，将工作面中原本的上行风改为下行风，更有利于缩短通风线路，减少高地温对风流的影响，降低风流中瓦斯气体浓度。但相比于上行风，下行风所需机械风压更大，一旦通风机发生故障，可能会导致工作面风流反向或停风。另外，若矿井发生火灾，采取下行风将增加瓦斯爆炸的可能性，安全隐患较大。

（3）优化通风路线。在风流途经过程中，运行中的机电设备、涌出热水、采空区遗煤等局部热源会向风流传递热量。因此，选择通风路线时应尽量避开井下局部热源。

（4）预冷进风风流。采用非机械式制冷措施，冷却矿井入口风流。

（5）隔绝热源。通过在巷道壁面上喷涂隔热材料，以减少高温围岩与风流间的热交换；通过架设隔热管路将井下涌出热水输送至地面排出。

（6）采取个体防护。在环境温度过高的作业地点，可让作业人员穿着冷却服达到降温的目的。

（7）机械式制冷降温。机械式制冷降温主要分为以下三种。

① 地面集中式降温系统：利用布置在地面的制冷机组制备冷冻水，通过保温管道将冷冻水送入井下高低压换热器，换热后将其送至采掘工作面附近的空冷器，从而冷却工作面的进风，实现工作面的降温除湿。

② 井下集中式降温系统：通过在井下设置制冷机组，用保温管道将 5~7 ℃ 的冷冻水送至各工作面的空冷器，实现工作面降温。

③ 井下局部式降温系统：通过在局部高温地点安装移动式空调机，从而实现各区域局部制冷。但该系统的制冷能力受限于空调机，制冷能力较小，且冷凝热排放困难，仅适用于局部热害较轻的场所。

从国内外热害治理情况来看，大部分矿井面临严重的高温热害时，均采取机械式降温。与非机械式降温相比，机械式降温系统制冷能力更强，适用范围更广，热害治理效果更为理想，但其缺点仍旧明显：使用地面集中式降温系统时，因为地面到矿井采区的高差较大，所以高低压换热器是该降温系统中的关键设备，但因其价格高昂，国内技术落后，使得运行维护成本极高；使用井下集中式或局部式降温系统时，因其制冷机组均设置在井下，冷凝热排放困难，制冷能力受限，且井下机电设备均需满足防爆要求。

1.4　发展趋势及尚需解决的问题

矿井高温热害防治理论及技术的研究已经很多，但还存在如下尚需解决的问题：

（1）目前，国内外学者根据矿井热害的来源，把矿井热害分为地热增温型、岩温地热异常型、热水地热异常型及碳、硫化物氧化热四种类型。但未考虑由于地面高温季节进风温度高引起采掘工作面环境温度升高而形成的季节性热害。

（2）矿井风流温度受围岩温度、热水等影响因素很多，国内外学者从调热圈、围岩内部温度周期性变化、围岩与风流热湿交换等规律及理论进行了深入研究，但对于矿井季节性热害形成的原因和机制还有待进一步研究。

（3）矿井风温预测是掌握风流温度分布和热害治理的依据，国内外学者运用工程热力学与传热学理论，建立了风温预测理论和模型，对矿井风温预测起到了很好的作用。但是由于矿井环境复杂，受井巷淋水系数、涌水温度、潮湿程度、不稳定换热系数、煤散热系数、显热比等影响难以确定，造成理论算法在工程设计中难以应用，且误差较大。因此，十分需要建立简便、易行，同时又能满足工程实践应用的风温预测方法。

（4）在现有研究成果中，针对单独一段巷道，如井筒、斜巷、水平巷道、机电硐室、掘进工作面与采煤工作面等建立了风温计算数学模型。但必须已知巷道入口风温并且需要大量查表。由于实际中无法准确获取巷道入口风温，对于在矿井设计阶段、建井期间及生产期间风温及需冷量的计算和供冷量的实际耗散分布情况等无法得到满意的结果。

（5）没有考虑风温与风量分配的相互影响。风量是预测风温与计算需冷量的关键数据，现有模型中认为风量已知，而风流与围岩之间进行的热质交换过程将影响风量分配，风量的分配又影响到风温的变化，即未实现全风网下的风温预测。

（6）矿井降温技术。井下集中式降温系统投资大，工艺复杂，运行维护费用高，仅适用于热害严重的矿井；井下局部式降温系统功率小，排热困难，适用于局部采掘巷道和硐室；但以上技术均不适合于矿井季节性热害治理。

综上所述，需要将矿井季节性热害形成机理与矿井热害治理方法相结合，研究高温矿井风流温度分布规律，提出适用于矿井季节性热害的治理方法和与之相适应的工艺及配套装备，最终形成适用于矿井季节热害的治理方法、工艺，为高温矿井季节性热害的治理提供新思路和方法，提高劳动生产效率，改善劳动生产环境，保护职工的身体健康。

2 地面气候对矿井气候
影响规律研究

2.1 矿井热害形成机理

对于开采深度较浅、原岩温度不高的矿井，井下气候比较适宜，没有热害出现，表现为"冬暖夏凉"的气候特征。其主要原因：冬季，低温低湿的风流从地面进入井筒、大巷、采区巷道时，风流与井巷围岩发生热交换，井巷围岩调热圈释放热能被风流所吸收，使风流温度升高；夏季，地面高温高湿空气流经井巷时，风流与井巷围岩发生热交换，井巷调热圈吸收风流中的热能，使风流温度下降。因此井下作业场不会出现热害现象。

随着矿井开采深度的不断增加，围岩散热是引起井下巷道中风流温度升高的主要因素，而原岩温度升高也导致围岩调热圈对风流热调节作用降低。在高温季节时，由于地面进风空气温度高，所带入热量不能全部被围岩吸收，风流在流经井巷到达采掘工作面时，造成井下环境温度升高而形成热害或热害加剧，并呈现明显的季节性热害特征。

2.2 影响因素分析

矿井季节性热害主要体现在地面某个季节（如夏季）进风温度高导致矿井采掘工作面气温呈现相应季节性变化。主要影响因素有地面气候、空气自压缩、原始岩温、地热、机电设备散热、煤岩氧化放热、矿井热水涌出等。

2.2.1 地面气候

矿井风流从地面沿井筒送入井下，因此，地面气候季节变化对矿井气候产生一定的影响。

　　地表大气温度在一昼夜内的波动称为气温的日变化，它是由地球每天吸收太阳辐射热和散发的热量变化造成的。在白天，地球吸收来自太阳的辐射热，使靠近地表的大气温度升高，一般在下午2—3点时，气温达到峰值。在夜间，地表将白天所吸收的太阳辐射热向大气中散发，由于黎明前是地表散热的最后阶段，故一般在凌晨4—5点时，气温达到最低。地表气温的日变化是以24小时为周期的周期性波动，但不全是谐波。其原因在于，全日最低温度与最高温度间的间隔小时数不一定等于下一个最低温度与最高温度间的间隔小时数。同时，地面气候的季节性变化也是周期性的，我国最热的时间一般为7—8月，最冷的时间一般为元月，故也不是谐波。但在实际计算中，一般将两者的周期性变化近似地看作正弦曲线或余弦曲线。

　　空气的相对湿度取决于空气的干球温度和含湿量，若空气的含湿量保持不变，则空气的相对湿度与空气的干球温度成反比，即空气的相对湿度升高时，对应的干球温度降低。对地表大气而言，其含湿量在一昼夜内的变化基本不大，但其干球温度在一昼夜内呈中午高、夜晚低的变化趋势，因此空气的相对湿度呈中午低、夜晚高的变化趋势。

　　据有关统计表明：地面空气温度的变化每一天都是随机的，但遵循一定的统计规律，这种规律可近似用正弦曲线表示：

$$t = t_0 + A_0 \sin\left(\frac{2\pi\tau}{365} + \varphi_0\right) \tag{2-1}$$

$$A_0 = \frac{t_{max} - t_{min}}{2} \tag{2-2}$$

式中　　t——地面某时刻的空气温度，℃；

　　　　t_0——地面年平均气温，℃；

　　　　φ_0——周期变化函数的初相位，rad；

　　　　τ——时间，d；

　　　　A_0——地面气温年波动振幅，℃；

t_{max}——最高月平均温度，℃；

t_{min}——最低月平均温度，℃。

综上可知，地面气温周期性变化使矿井进风路线上的气温也相应地呈周期性变化。但是这种变化随着距进风井口距离的增加而衰减，并且在时间上，井下气温的变化要稍微滞后于地面气温的变化。对于矿井的气候条件来说，风流含湿量的年变化要比温度的年变化重要得多，这是由于水的气化潜热远比空气的比热大得多。

2.2.2 空气自压缩

空气自压缩放热的过程为绝热空气沿井筒向下流动时，空气被压缩，位能转换为焓，造成温度升高的过程，其温升并不受外部热源的影响。

一般情况下，自压缩所产生的热量是无法避免的，空气的压力状态与矿井采深密切相关，矿井采深越大，空气的压力值也就越大。空气自压缩所引起的温度变化值计算公式：

$$\Delta t = \frac{n-1}{n} \frac{g}{R} \Delta Z \tag{2-3}$$

式中　g——重力加速度，m/s^2；

n——多变指数，对于绝热过程，$n=1.4$；

R——普氏气体常数，对于干空气，$R=287\ J/(kg \cdot k)$。

因空气绝热，取 $n=1.4$，代入式（2-3）中，则该式可简化为

$$\Delta t = \frac{\Delta Z}{102} \tag{2-4}$$

式（2-4）表明，风流沿副井井筒向下流动时，垂直深度每增加 102 m，风流温度上升 1 ℃；反之，当风流沿井筒向上流动时，垂直深度每减少 102 m，风流温度降低 1 ℃。在实际工程中，温升值与计算值间仍存在一定差异，其原因在于矿井内空气为湿空气，其含湿量受大气压力的影响较大。随着距地面垂直深度的增加，大气压力增大，含湿量也随之变化。在风流向下流动

过程中，可能会导致热湿交换的热量抵消部分空气自压缩所释放的热量。

2.2.3　原始岩温

矿井进入深部开采后，高温围岩散热是巷道温度升高的主要原因。当巷道风流温度与原始岩温存在温差时，风流与井巷围岩就会产生热交换。一般来讲，当井巷围岩温度大于风流温度时，围岩调热圈会释放热量，被风流所吸收，使风流温度升高；当井巷围岩温度小于风流温度时，围岩调热圈则会吸收风流中的一部分热量，使风流温度降低。其中，矿井原始岩温的大小与距地表的深度有关，距地表的深度越大，原始岩温越高，其温升是由自地心径向向外的热流所引起的。不同深度下原始岩温计算公式：

$$t_z = t_c + \frac{Z - Z_c}{g_r} \tag{2-5}$$

式中　　t_z——Z m 处的原岩温度，℃；

　　　　g_r——地温率，m/℃；

　　　　t_c——恒温带的温度，℃；

　　　　Z_c——恒温带深度，m；

　　　　Z——地表至测点处的深度，m。

由于井巷围岩调热圈吸热或放热过程十分复杂，在实际工程的传热计算中，井巷围岩与风流之间的换热量为

$$Q_r = K_\tau UL(t_{gu} - t_0) \tag{2-6}$$

式中　　t_{gu}——围岩的原始岩温，℃；

　　　　t_0——该段巷道中风流的平均温度，℃；

　　　　U——该段巷道的周长，m；

　　　　L——该段巷道的长度，m；

　　　　K_τ——围岩与风流间的不稳定换热系数，W/(m²·℃)。

2.2.4　机电设备散热

随着科技的进步，我国采矿工程中机械化程度日益提高，工作面机电设备的装机容量急剧增加。在一些大型矿井中，其回采工作面的装机容量甚至已高达 2000 kW。

对矿井而言，机电设备所产生的动能甚小，可忽略不计。但机电设备使用过程中所产生的热能基本全部传递至流经设备的风流中，使风流温度升高。一般来说，矿井的机械化程度越高，装机容量越大，则机电设备的散热量就越大。机电设备在运行过程中的散热量计算公式：

$$Q_j = 1000 n_1 n_2 n_3 N / \eta \tag{2-7}$$

式中　　Q_j——机电设备的散热量，W；

　　　　N——电动设备的额定功率，kW；

　　　　n_1——安装系数，一般取 0.7~0.9；

　　　　n_2——同时使用系数，一般取 0.5~0.8；

　　　　n_3——负荷系数，一般取 0.5；

　　　　η——电动机效率。

2.2.5　煤岩氧化放热

一般情况下，矿井大多存在漏风现象，空气中的氧气与煤炭、具有氧化性的岩层相结合，从而进行氧化放热，造成风流温度升高。氧化散热量计算公式：

$$Q = q_0 \cdot v^{0.8} \cdot S \tag{2-8}$$

式中　　S——氧化面积，m^2；

　　　　q_0——煤岩单位面积上单位时间内的氧化散热量，kW/m^2；

　　　　v——巷道中的风速，m/s。

由于煤炭的氧化放热过程十分复杂，计算时很难将它与其他的热源区分开，但煤炭的氧化放热对井下风流的温升影响并不显著。一般情况下，一个回采工作面的煤炭的氧化放热量很少超过 30 kW。

2.3　案例分析

本节以济宁三号煤矿为例，通过现场实测数据，详细分析地面气候对井下不同位置处风流温度的影响。

济宁三号煤矿位于山东省济宁市境内，距济宁市区 20 km，属于暖温带季风气候。该矿年生产能力为 600×10^4 t，高温热害问题突出。勘察资料表明，该矿区恒温带深度为 55 m，温度为 16.5 ℃，平均地温梯度 2.44 ℃/hm，煤系地层平均梯度 2.96 ℃/hm。 −650～−900 m 等高线之间，地温一般高于 31 ℃，为一级高温区；−900 m 等高线以上，地温一般高于 37 ℃，为二级高温区。矿井通风方式为中央并列式，通风方法为抽出式，主、副井进风，中央风井回风。

根据温度监测数据，选取 8 月 18 日至 9 月 16 日 30 天内的日平均温度数据进行 Origin 绘图，得到地面副井口、副井井底车场、西部运输巷顶盘、六采西部辅运巷南和 18304 辅顺巷入口处风温随时间的变化过程，如图 2-1 所示，温度监测数据见表 2-1。

表 2-1　温度监测数据

监测日期	地面副井口/℃	副井井底车场/℃	西部运输巷顶盘/℃	六采西部辅运巷南/℃	18304 辅顺巷入口/℃
8 月 18 日	29.67	34.45	33.06	29.68	29.50
8 月 19 日	28.33	31.51	30.99	28.82	29.29
8 月 20 日	25.33	30.29	30.40	28.86	29.30
8 月 21 日	23.33	28.30	28.80	28.20	29.11
8 月 22 日	26.00	28.08	28.10	27.60	28.82
8 月 23 日	26.33	28.73	28.51	27.45	28.64
8 月 24 日	27.33	28.88	28.60	27.43	28.56
8 月 25 日	27.67	30.18	29.55	27.88	28.59
8 月 26 日	24.00	28.98	29.07	27.91	28.74
8 月 27 日	25.00	29.66	29.21	27.86	28.74
8 月 28 日	28.67	30.36	29.78	28.06	28.82
8 月 29 日	30.00	31.31	30.45	28.10	28.94
8 月 30 日	27.67	31.90	30.83	28.45	29.03
8 月 31 日	28.00	31.69	30.89	28.62	28.97
9 月 1 日	30.67	31.78	31.03	28.68	28.91
9 月 2 日	24.33	29.69	29.85	28.63	28.83

表 2-1 (续)

监测日期	地面副井口/℃	副井井底车场/℃	西部运输巷顶盘/℃	六采西部辅运巷南/℃	18304 辅顺巷入口/℃
9 月 3 日	25.83	28.45	28.56	27.69	28.56
9 月 4 日	27.00	27.69	27.90	25.66	28.31
9 月 5 日	27.67	27.93	27.86	25.21	27.83
9 月 6 日	27.00	28.91	28.53	25.58	27.74
9 月 7 日	25.33	28.43	28.40	25.85	28.14
9 月 8 日	25.33	27.54	27.75	26.10	28.24
9 月 9 日	20.67	27.53	27.56	25.98	28.25
9 月 10 日	20.00	28.53	28.08	26.55	28.23
9 月 11 日	20.00	26.79	27.18	26.59	28.15
9 月 12 日	19.00	25.72	26.21	25.91	28.11
9 月 13 日	22.50	25.66	25.89	24.99	27.85
9 月 14 日	22.00	26.03	26.00	25.30	27.78
9 月 15 日	22.00	26.20	26.17	25.49	27.64
9 月 16 日	22.00	26.32	26.30	25.52	27.68

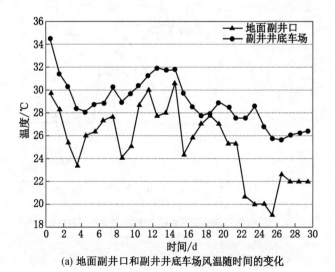

(a) 地面副井口和副井井底车场风温随时间的变化

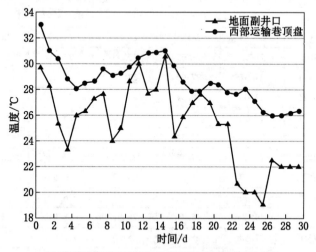

(b) 地面副井口和西部运输巷顶盘风温随时间的变化

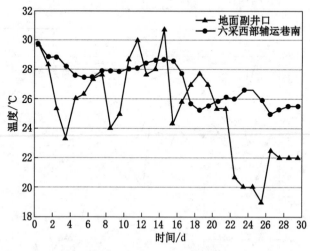

(c) 地面副井口和六采西部辅运巷南风温随时间的变化

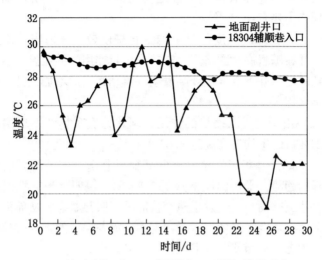

(d) 地面副井口和18304辅顺巷入口风温随时间的变化

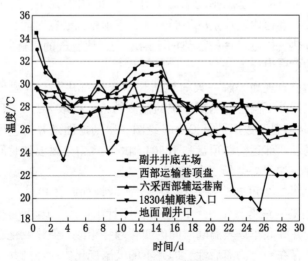

(e) 地面和井下各测点风温随时间的变化

图2-1 各测点风温随时间的变化

通过对图 2-1 各测点风温随时间的变化情况分析可知，其变化规律主要有：

（1）地面风流温度的日平均变化幅度较大，但当其流入井下时，井巷围岩调热圈将产生吸热或放热作用，使风温和巷壁温度达到平衡，井下空气温度随着空气流动距离的增加，其温度变化的幅度逐渐减小。

（2）由于空气压缩热的作用，副井井底车场的平均温度比地面副井口的平均温度高近 3.63 ℃。

（3）副井井底车场至六采西部辅运巷南处的平均温度呈持续下降的趋势，平均温度下降了 1.77 ℃。说明：当空气温度较高时，巷道壁面与空气发生热交换时处于吸热状态，从而使空气温度下降；当空气温度较低时，巷道壁面与空气发生热交换时处于放热状态，从而使空气温度有所上升。

（4）六采西部辅运巷南至 18304 辅顺巷入口处的平均温度呈持续上升的趋势，平均温度上升了 1.36 ℃。说明：进入采区内部后，巷道内通风量的不断减少，巷道壁面暴露时间较短，煤岩的放热、机电设备的散热的不断增大，使空气的吸热量加大，从而使空气温度上升。

为更直观地了解一天内地面气温变化对井下空气温度的影响，根据井下温湿度测试系统的监测结果，选取 8 月 24 日 0 时至 24 时的温度数据进行 Origin 绘图，得到地面副井口、副井井底车场、西部运输巷顶盘和 18304 辅顺巷入口处风温随时间的变化过程，如图 2-2 所示。

由图 2-2 可知，在一昼夜内，矿区地面副井口最高气温在 14 时左右，最低气温在 6 时左右，即日出前后。地面副井口气温与副井井底车场气温随时间的变化趋势相似，但该变化趋势在时间上存在一定的滞后性，即井下的气温变化比地面副井口的气温变化大约滞后 2 小时。另外，相较于地面副井口处的风温变化幅度，副井井底车场和西部运输巷顶盘处的风温变化幅度逐渐减弱，至 18304 辅顺巷入口处时风温变化基本不再明显。说明随着距地面井口距离的增加，地面风温对井下风温的影响程度逐渐减小。

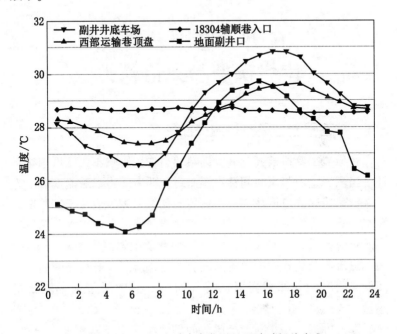

图 2-2　一天24小时内各位置风温随时间的变化

3　矿井井巷围岩调热圈
传热模型与数值模拟

3.1　井巷围岩与风流热湿交换形式

在原岩中巷道被开挖后，因热辐射作用影响不大，可忽略不计。当围岩壁面与风流间存在温差时，两者间将以对流换热的方式进行热传递，热流从高温一侧传向低温一侧。但由于矿井壁面潮湿，除对流换热外，巷道壁面与风流间还需考虑因水分蒸发造成的对流传质。一般来说，刚开挖的巷道围岩温度要高于风流，因此热流不断从巷道围岩流向风流，使风流温度升高，壁面温度降低。同时，深部围岩以热传导的方式向围岩壁面不断传递热量。

综上可知，井巷围岩与风流间的热湿交换方式主要有三种：围岩的热传导、壁面与风流间的对流换热和对流传质。

3.1.1　井巷围岩热传导

围岩内部无宏观运动，即各部分岩体无相对位移，仅依靠围岩中大量的分子热运动互相撞击，使能量从围岩的高温区域传至低温区域，这种传热现象称为围岩的热传导。其本质为能量的迁移。

在传热学中，围岩的热传导过程符合傅里叶定律，计算公式：

$$q = -\lambda\, gradt \qquad\qquad (3-1)$$

式中　　　q——热流通量，W/m^2；

　　　$gradt$——围岩的温度梯度，$℃/m$；

　　　　λ——导热系数，$W/(m \cdot ℃)$。

由式 (3-1) 可知，描述围岩的热传导过程时，导热系数 λ 的取值显得尤为关键，其大小主要受到岩体结构特征（矿物成分、孔隙率、层理和裂隙分布情况）、岩体密度、岩体含水率、岩体温度、岩体所受应力情况的影响。其中，导热系数 λ 受岩体含水率的影响较大，其大小随含水率的增大而增大。而岩体的孔隙率则与导热系数 λ 成反比，其原因在于，岩体的孔隙率较大时，岩体中的空气含量较多，而空气的导热系数要远低于岩体，导致岩体的导热系数 λ 较小。在矿井正常热环境下，岩体导热系数 λ 的大小还和其所包含的矿物成分密切相关。相关矿物的导热系数见表3-1。

表3-1　相关矿物的导热系数

矿物类别	导热系数/$[\text{W} \cdot (\text{m} \cdot ℃)^{-1}]$
橄榄石、角闪石、辉石	4.180
绿泥石、绿帘石、黑云母	2.508
石英	7.106
菱镁矿	5.439
绢云母、白云母、长石、沸石英	2.299
黄玉、方解石、磁铁矿	3.553

据相关资料表明，土壤、砂层的导热系数范围为 1.2 ~ 5.8 W/(m·℃)；沉积岩中，泥灰岩、页岩的导热系数范围为 2.3~3.5 W/(m·℃)，砂岩、砾岩的导热系数比页岩略大，且变化范围更广，而煤的导热系数最低，一般在 0.2 W/(m·℃) 左右。

在矿井正常热环境下，岩体的导热系数与温度呈线性关系。其中，砂岩的导热系数随温度的升高变化很小，基本可忽略不计。因此，在实际工程中，通常将矿井内砂岩的导热系数当作常数。

3.1.2 井巷围岩与风流的对流换热

对流换热是指宏观运动的流体与存在温差的固体壁面直接接触时，流体与固体壁面间发生的热传递过程。矿井内空气是不断流动的，围岩壁面与风流间的对流换热是热传导和热对流共同作用的结果。首先，空气流动时，各部分之间产生相对位移，形成对流换热；其次，井下热源分布复杂，如运行的机电设备、涌出热水、岩体氧化等，各种热源以热传导的方式向风流进行热传递。

在壁面干燥的前提下，牛顿冷却公式作为对流换热的计算公式，一般分为流体被加热、流体被冷却两种情形。

流体被加热时：

$$q = h \left(t_\mathrm{w} - t_\mathrm{f} \right) \tag{3-2}$$

流体被冷却时：

$$q = h \left(t_\mathrm{f} - t_\mathrm{w} \right) \tag{3-3}$$

式中　　q——对流换热热流密度，W/m^2；

h——对流换热系数，W/(m^2·℃)；

t_w——围岩壁面的温度，℃；

t_f——巷道内风流的温度，℃。

式（3-2）和式（3-3）表明，在描述围岩与风流间的热传递过程时，对流换热系数 h 的取值尤为重要，但因 h 并非定值，在通风换热过程中，其值受到围岩热物性参数、空气状态参数、温差、风流速度以及壁面粗糙度等因素的影响，处在不断的变化中，想要得到对流换热系数 h 的数学表达式较为困难。在实际工程的传热计算中，通常的做法是采取经验公式计算对流换热系数 h。

根据上述诸多影响因素，对 h 进行描述表示，则可得：

$$Nu = kRe^{a_0} Pr^{b_0} Gr^{c_0} Gz^{d_0} \tag{3-4}$$

式中　　　　Nu——努塞尔数；

Pr——普朗特数；

Re——雷诺数；

　　　　　　Gz——格雷茨数；

　　　　　　Gr——格拉晓夫数；

　　k、a_0、b_0、c_0、d_0——相关参数，其大小由实际工况确定。

其中，Nu、Re、Pr、Gr、Gz 的大小计算公式为

$$\begin{cases} Nu=\dfrac{hD}{\lambda}, \ Re=\dfrac{uD}{\nu}, \ Pr=\dfrac{\mu C_p}{\lambda} \\[3mm] Gr=\dfrac{g\beta\Delta TD^3}{\nu^2}, \ Gz=\dfrac{D}{\lambda}RePr \end{cases} \tag{3-5}$$

式中　　D——巷道的当量直径，m；

　　　　β——气体体积膨胀系数，1/℃；

　　　　λ——流体的导热系数，W/(m·℃)；

　　　　C_p——定压比热容，J/(kg·℃)；

　　　　u——流体的速度，m/s；

　　　　ν——流体的运动黏性系数，m²/s；

　　　　μ——动力黏度，Pa·s；

　　　ΔT——温差，℃；

　　　　l——巷道区段长度，m；

　　　　α——导温系数，m²/s。

　　根据式（3-4）和式（3-5）可知，对流换热系数 h 受流体速度 u 和流体运动黏性系数 ν 的影响较大。

　　由于矿井环境大多潮湿，对流换热系数的影响因素在井下将变得更为复杂。因此，在工程传热计算中，如何准确地计算出对流换热系数 h 显得尤为关键。舍尔巴尼在大量试验的基础上，总结归纳出了 h 的合理式，可适用于工程实际，计算公式为

$$h=3.885\varepsilon u^{0.8} \tag{3-6}$$

式中　　u——流体的速度，m/s；

　　　　ε——巷道粗糙度系数。

　　ε 值的大小根据不同巷道及壁面情况确定，具体见表3-2。

表3-2　不同巷道及壁面情况的 ε 取值

巷道及壁面情况	运输大巷	有柱巷道	回采面	光滑壁面	锚喷巷道	运输平巷
ε 值	1.00~1.65	2.20~3.10	2.50~3.10	1.00	1.65~1.75	1.65~2.50

在通常矿井热环境条件下，日本学者内野健一等基于式（3-6），通过理论分析及试验研究，得出了三种情形下对流换热系数 h 的计算公式。

对于混凝土支护巷道：

$$h = 5.3u^{0.8}D^{-0.2} \tag{3-7}$$

对于无支护巷道：

$$h = 7.7u^{0.8}D^{-0.2} \tag{3-8}$$

对于木支护巷道：

$$h = 9.3u^{0.8}D^{-0.2} \tag{3-9}$$

式中　u——风流速度，m/s；

　　　D——巷道的当量直径，m。

通过与现场实测进行对比，结果表明，采用上述三种不同类型的简化计算公式得出的计算结果均在工程允许的误差范围之内。若围岩壁面为潮湿状态，一般情况下还需同时考虑湿交换。

3.1.3　井巷围岩与风流的对流换质

对流换质是指矿内空气流经潮湿壁面，空气和巷道壁面中的水蒸气浓度不一致，水蒸气浓度较高的一方会向较低的一方传递，终使双方浓度基本相等的质量传递过程。

1. 围岩散热的计算

深部围岩将热量以热传导的方式传递到被风流冷却的巷道壁面，再以对流放热和对流传质的方式传递给巷道风流。一般分为两种情况：当壁面干燥时，围岩所释放的热量全部损耗于风流温升的显热 q_s 上；当壁面潮湿时，围岩所释放的热量一部分损耗于风流温升的显热 q_s 上，另一部分则损耗于水分蒸发的潜热 q_q 上。因此，当壁面潮湿时，壁面向风流散热的总热流密度计算公式：

$$q_t = q_s + q_q \qquad (3-10)$$

式中　　　q_t——巷道壁面围岩向风流散热的总热流密度，W/m^2；

q_s、q_q——从巷道壁面进入风流的显热热流密度及潜热热流密度，W/m^2。

2. 显热量的计算

根据对流传热过程，则可得到从壁面进入巷道风流的显热量为

$$Q_x = h (t_w - t_f) A \qquad (3-11)$$

式中　Q_x——显热量，W；

t_w——壁面温度，℃；

t_f——巷道风流温度，℃；

A——巷道表面积，m^2；

h——对流换热系数，W/(m$^2 \cdot$℃)。

一般来讲，由于井下降尘洒水作业，壁面基本存在着水分蒸发的情况，故围岩散热量的计算不仅需要考虑显热的影响，还需同时考虑潜热的影响。

3. 潜热量的计算

对于巷道壁面水分蒸发的计算处理，主要有 3 种方法：放湿系数法、显热比法和湿度系数法。但在实际工程中，放湿系数和显热比的大小受壁温、风温和相对湿度等因素的影响。因此，考虑到矿井的复杂环境，本书采用湿度系数法进行处理分析。湿度系数 f 是指部分潮湿巷道表面蒸发的水蒸气量与假设巷道壁面完全潮湿时蒸发的水蒸气量的比值。

从潮湿壁面进入风流的潜热热流密度 q_1 的计算公式：

$$q_1 = f\sigma L_v(m_w - m) \qquad (3-12)$$

式中　m——风流的平均含湿量，kg/kg；

L_v——水的蒸发潜热，kJ/kg；

m_w——完全湿润壁面近旁空气的含湿量，kg/kg；

σ——壁面的质量交换系数，$kg/(m^2 \cdot h)$。

综上，潮湿壁面进入风流的总热流密度 q 为

$$q = f\sigma L_v (m_w - m) + \alpha (t_w - t_f) \tag{3-13}$$

由于井下环境大多潮湿，故计算围岩与风流间的换热量时，除考虑因对流换热产生的显热外，还要考虑因水分蒸发而产生的潜热，综合考虑后折算出的对流换热系数为

$$\alpha_s = \alpha + \beta \frac{(P_s - P_B)\gamma}{t_s - t_B} \tag{3-14}$$

$$\beta = 3.125 \times 10^{-8} \times \frac{M_B^{0.8} U^{0.2}}{S} \times \frac{273 + t_B}{P} \tag{3-15}$$

式中　　P_B——空气中水蒸气的分压力，Pa；

　　　　α——壁面干燥时的对流换热系数，$W/(m^2 \cdot \text{℃})$；

　　　　P_s——壁面温度 t_s 时的饱和水蒸气分压力，Pa；

　　　　β——散湿系数，根据舍尔巴尼的研究资料，主要大巷和运输大巷 β 可取 0.31×10^{-8}；

　　　　t_B——风流的平均温度，℃；

　　　　t_s——空气的湿球温度，℃；

　　　　M_B——流过巷道的风量，kg/s；

　　　　U——巷道周长，m；

　　　　S——巷道断面积，m^2；

　　　　P——巷道平均气体压力，可取巷道首末节点气体压力平均值得到，Pa。

综上所述，若壁面潮湿时，围岩进入风流的总热流量 Q 的计算公式简化为

$$Q = \alpha_s (t_w - t_f) A \tag{3-16}$$

3.2　井巷围岩调热圈温度场传热模型

高温巷道是指在高地温、围岩散热、机电设备散热等影响因素的作用下，矿井中某一段空气温度超过《煤矿安全规程》中所规定限值的巷道。其中，若高地温在巷道环境温度升高的过程

中起决定性作用，则称该巷道为高地温巷道。目前，我国对高地温巷道尚未有统一的界定标准。所谓的高地温巷道，泛指因高地温引起的原岩温度过高的巷道。由于在我国井田热害等级中，当原岩温度为 31~37 ℃时，属于一级热害。因此，本书把原岩温超过 31 ℃的巷道称为高地温巷道，高地温巷道中某一时刻下围岩各点温度所组成的集合称为围岩温度场。一般来说，井巷围岩温度场是时间坐标与空间坐标的函数：

$$t = f(x, y, z, \tau) \tag{3-17}$$

现阶段，随着浅部资源的枯竭，大部分的矿井巷道均位于恒温带以下。在采掘工程开始前，巷道围岩各点温度均为原始岩温，围岩温度场处于一种热平衡状态。但当采掘工程开始后，井下围岩原先的热平衡状态会遭到破坏。由于井巷围岩体与风流间存在温差，所以将产生热湿交换，高温围岩不断被风流冷却。随着通风时间的加长，该冷却范围不断向深部延伸，围岩各点温度也随之下降。围岩被风流冷却的范围称为调热圈，调热圈内的温度分布称为调热圈温度场，此时，调热圈温度场处于非稳态。

从巷道中心到调热圈最外层边界（原始岩温等温线）的距离称为调热圈半径，如图 3-1 所示。随着通风时间的加长，围

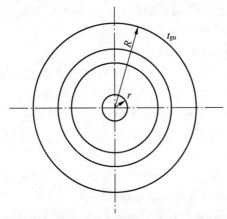

图 3-1　围岩调热圈温度场示意图

岩被风流冷却的范围扩大，即调热圈半径不断增大。一般来讲，通风时间达到 2～3 年以后，则可认为围岩与风流间换热充分，调热圈半径逐渐趋于稳定。从本质上说，巷道围岩的内部热传导，以及岩壁与风流的对流换热（热辐射忽略不计）都是围岩温度场重新获得热平衡的过程。

　　综上所述，高温热害的发生主要是由于围岩壁面以对流换热的方式，不断把围岩内部的热量传递给巷道风流，使环境温度升高，超出人体热适应的极限。为了科学治理高温热害，首先必须掌握巷道围岩内部的温度分布情况，总结出对调热圈温度场影响的关键因素，并通过焓差公式，计算出井下各区段的得失热量情况，清楚井下热源的分布。另外，巷道围岩温度场的研究也将为矿井的风温预测及降温技术的发展提供基础数据及理论支撑。

3.2.1　物理模型基本假设

　　因井下环境的复杂性，如巷道断面形状的不同、不同岩体热物理性质的差异、岩体表面的间隙、风流性质、岩壁的潮湿度和粗糙度等，围岩与风流间的热湿交换极为复杂。因此，想要建立完全符合井下实际的物理模型显然是不现实的。

　　为了便于围岩温度场的求解，提高计算效率，需对巷道围岩非稳态温度场的物理模型进行适当简化，以便建立微分方程组。因此，对物理模型作出以下假设：

　　（1）围岩均质且各向同性，岩体热物理性质参数恒定，不受温度变化的影响。

　　（2）岩壁的初始温度等于原始岩温，且原始岩温恒定。

　　（3）岩壁沿长度方向的换热条件一致，且岩壁间的对流换热系数恒定。

　　（4）由于围岩沿轴向的温度变化不大，可忽略其轴向热流，仅考虑围岩径向上的热交换问题。

　　（5）不考虑围岩内部孔隙、间隙、围岩壁面的热辐射及岩体内部的渗透。

（6）巷道围岩为半无限大岩体。

3.2.2 导热过程数学描述

围岩导热过程的完整数学描述包括导热微分方程和相应的定解条件。其中，导热微分方程是在傅里叶定律和热力学第一定律的基础上建立的，可描述岩体内部温度场随时间和空间的变化过程，也称调热圈温度场数学模型。定解条件则是指求解特定的导热问题时，与外界产生联系所必须附加的限制条件，包括初始条件和边界条件。

3.2.2.1 导热微分方程

井下实际的巷道断面形状不是单一的，常见的主要有矩形、半圆拱形、三心拱形、梯形、圆形等。为了便于计算分析，求解温度场时，将非圆形巷道等效成当量半径一致的圆形巷道。在柱坐标系中，取灰色区域六面体作为微元体，如图 3-2 所示。

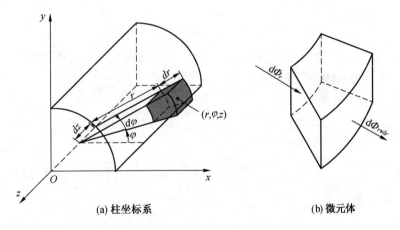

(a) 柱坐标系   (b) 微元体

图 3-2　柱坐标系下的导热微元体

在岩体导热过程中，根据能量守恒定律，进入控制体内的热流量 $\mathrm{d}\Phi_\lambda$ 与控制体内热源的生成热量 $\mathrm{d}\Phi_V$ 之和等于控制体热力学能的增加量 $\mathrm{d}U$，即

$$\mathrm{d}\Phi_\lambda + \mathrm{d}\Phi_V = \mathrm{d}U \tag{3-18}$$

进入控制体内的热流量 $\mathrm{d}\Phi_\lambda$ 等于控制体导入热流量 $\mathrm{d}\Phi_r$ 与导出热流量 $\mathrm{d}\Phi_{r+\mathrm{d}r}$ 之差，即

$$\mathrm{d}\Phi_\lambda = \mathrm{d}\Phi_r - \mathrm{d}\Phi_{r+\mathrm{d}r} \tag{3-19}$$

因巷道围岩内不考虑内热源，故

$$\mathrm{d}\Phi_V = 0 \tag{3-20}$$

假设围岩的热量传递仅存在于巷道径向，即 r 轴方向，在 z 轴方向和 φ 轴方向均不存在热流。因此，控制体径向上所产生的净热流量 $\mathrm{d}\Phi_{\lambda r}$ 等于进入控制体内的热流量 $\mathrm{d}\Phi_\lambda$，即

$$\mathrm{d}\Phi_\lambda = \mathrm{d}\Phi_{\lambda r} = \mathrm{d}\Phi_r - \mathrm{d}\Phi_{r+\mathrm{d}r} \tag{3-21}$$

$$\mathrm{d}\Phi_{\lambda r} = \mathrm{d}\Phi_r - \mathrm{d}\Phi_{r+\mathrm{d}r} = q_r r \mathrm{d}\varphi \mathrm{d}z - q_{r+\mathrm{d}r}(r+\mathrm{d}r)\,\mathrm{d}\varphi \mathrm{d}z \tag{3-22}$$

式中　$q_{r+\mathrm{d}r}$、q_r——$r+\mathrm{d}r$、r 两个界面通过的导热热流密度。

由于导热热流密度为连续函数，则可将 $q_{r+\mathrm{d}r}$ 利用泰勒级数展开，并取低阶量，为

$$q_{r+\mathrm{d}r} = q_r + \frac{\partial q_r}{\partial r}\mathrm{d}r + \frac{\partial^2 q_r}{\partial r^2}\frac{\mathrm{d}r^2}{2!} + \cdots \approx q_r + \frac{\partial q_r}{\partial r}\mathrm{d}r \tag{3-23}$$

将式（3-23）代入式（3-22）中，可得巷道围岩径向上净导入控制体的热流量为

$$\mathrm{d}\Phi_{\lambda r} = -\left(q_r + r\frac{\partial q_r}{\partial r}\right)\mathrm{d}r\mathrm{d}\varphi \mathrm{d}z \tag{3-24}$$

利用傅里叶定律得

$$q_r = -\lambda\frac{\partial t}{\partial r} \tag{3-25}$$

将式（3-25）代入式（3-24）中，得

$$\mathrm{d}\Phi_{\lambda r} = \left[\lambda\frac{\partial t}{\partial r} + r\frac{\partial}{\partial r}\left(\lambda\frac{\partial t}{\partial r}\right)\right]\mathrm{d}r\mathrm{d}\varphi \mathrm{d}z \tag{3-26}$$

在单位时间内，控制体中热力学能的增加量

$$\mathrm{d}U = \rho c\frac{\partial t}{\partial \tau}r\mathrm{d}r\mathrm{d}\varphi \mathrm{d}z \tag{3-27}$$

将式（3-20）、式（3-21）、式（3-26）和式（3-27）代入式（3-18）中，并消去 $r\mathrm{d}r\mathrm{d}\varphi \mathrm{d}z$ 即可得

$$\rho c \frac{\partial t}{\partial \tau} = \frac{1}{r} \left[\lambda \frac{\partial t}{\partial r} + r \frac{\partial}{\partial r} \left(\lambda \frac{\partial t}{\partial r} \right) \right] \qquad (3-28)$$

经过进一步变换可得

$$\rho c \frac{\partial t}{\partial \tau} = \lambda \left[\frac{1}{r} \frac{\partial t}{\partial r} + \frac{\partial^2 t}{\partial r^2} \right] \qquad (3-29)$$

式 (3-29) 即为巷道围岩一维柱坐标下的导热微分方程。

根据模型假设,围岩均质、各向同性且热物理性质参数恒定,不受其他因素的影响。又由于 $\alpha = \lambda / \rho c$,则式 (3-29) 可进一步简化为

$$\frac{\partial t}{\partial \tau} = \alpha \left(\frac{1}{r} \frac{\partial t}{\partial r} + \frac{\partial^2 t}{\partial r^2} \right) \qquad (3-30)$$

式中 α ——围岩的导温系数,又称热扩散系数,其物理意义为围岩内各点温度不一致时温度趋于一致的能力,m^2/s。

综上可知,式 (3-30) 为非稳态巷道围岩的导热微分方程,也称为非稳态围岩温度场的数学模型。但式 (3-30) 的适用条件有严格的限制,仅在围岩热物理性质参数恒定不变时适用。若围岩热物理性质参数受温度影响而发生变化,甚至跃越,则只能适用式 (3-29)。

3.2.2.2 导热微分方程定解条件

基于热力学第一定律和傅里叶定律得出的式 (3-30) 能够阐释在假设条件下围岩温度随通风时间和空间位置的变化关系,是围岩导热过程的通用表达式。换言之,在符合假设条件的基础上,导热问题仅需同时遵循热力学第一定律和傅里叶定律,皆可用式 (3-30) 来描述,其适用于所有导热过程。但因没有完全以高温井巷围岩的导热过程为阐释对象,因此需要进一步限定一些具体的、有针对性的附加条件来描述高温井巷围岩这一特定的导热过程,这些附加条件称为定解条件。

根据上文的物理模型及基本假设,式 (3-30) 的定解条件如下:

（1）几何条件：拟定半无限大空心圆盘作为几何模型，矿井巷道断面形状为圆形，巷道半径为r_0。

（2）物理条件：巷道围岩均质、各向同性，围岩的导热系数λ、密度ρ和比热容c恒定，不受其他因素的影响，且不考虑地温场对原始岩温的影响，无内热源。

（3）初始条件：$t(r, \tau)|_{\tau=0}=t_0$（t_0为原始岩温）。

（4）边界条件：依据矿井实际情况，能够确定外边界距离巷道中心无限远，该处围岩温度未受风流扰动，仍保持为原始岩温t_0，即$t=t_0$，$r \to \infty$。另一个是巷道围岩内边界，在巷道壁面处，即$r=r_0$，而该处的边界条件较为复杂，一般可分为三类，见表3-3。

表3-3　边界条件分类

类别	已知条件	表达式	
		稳态	非稳态
第一类	温度t_w	t_w=常数	$t_w=f(x, y, z, \tau)$
第二类	热流密度q_w	q_w=常数	$q_w=f(x, y, z, \tau)$
第三类	壁面与风流间对流换热系数h及空气温度t_f	h=常数，t_f=常数	$q_w=h(t_w-t_f)$

由表3-2可知，非稳态传热时，若想使用第一类边界条件，则必须得到巷道壁面处的温度函数。但由于巷道开挖通风后，壁面温度受到风流影响，一直呈非线性变化，致使围岩壁面的温度函数难以得到。因此，第一类边界条件无法适用。

若想使用第二类边界条件，则必须得到巷道壁面处的热流密度函数。但目前国内外对于该方向的研究较为浅显，故第二类边界条件同样无法适用。

对于第三类边界条件，适用的关键在于能否得到壁面与风流间的对流换热系数h。对流换热系数h的大小主要受温差、风速和围岩热物理性质参数的影响，其在换热过程中是不断变化的。

考虑到一定通风时间后，某一巷道区段内的风流温度变化并不明显，即温差基本不变。同时根据上文假设，围岩热物理性质参数恒定，均为定值，那么在风速恒定时，该对流换热系数 h 也可认为是一个定值。

综上，在巷道壁面处的围岩内边界应适用第三类边界条件。另外，第三类边界条件的应用范围最为广泛，在一定的条件下，其可转化为其余两类边界条件。利用式（3-25）第三类边界条件可写为

$$\left.\frac{\partial t}{\partial r}\right|_{r=r_0} = -\frac{h}{\lambda}\left(t_w - t_f\right) \tag{3-31}$$

3.2.3　巷道围岩的离散模型

3.2.3.1　巷道围岩离散化

为便于求解时收敛，假设围岩内不存在孔隙，围岩内部主要通过热传导的方式把热量传递给周边围岩。在一维柱坐标下，围岩温度的分布满足傅里叶导热微分方程，即

$$\frac{\partial t}{\partial \tau} = \alpha\left(\frac{1}{r}\frac{\partial t}{\partial r} + \frac{\partial^2 t}{\partial r^2}\right) \tag{3-32}$$

式中　α——导温系数，m^2/s；

　　　t——该时间点的围岩温度，℃；

　　　r——该围岩距巷道中心的距离，m；

　　　τ——通风时间，s。

建立围岩热传导的差分格式，首先要沿径向对围岩区域进行网格划分。考虑到计算结果的准确性，同时也为了合理节省计算时间，本书采用异步长半显式差分法计算分析围岩调热圈温度场。划分网格时，在巷道壁附近差分步长取小，远离壁面则逐渐增大差分步长。其原因在于，在巷道壁附近围岩温度的变化速率较快，温度梯度较大，而远离壁面处围岩温度的变化速率较慢，温度梯度较小。

现选取节点 $i=0$ 为巷道中心，节点 $i=1$ 为巷道壁面。根据围岩至巷道中心的距离，将围岩区域划分为3个部分：第一部分

$D_1(r_0, 5r_0)$，其差分步长为 $\Delta r_1 = r_0/5$，节点 $i = 2, 3, 4\cdots, 21$；第二部分 $D_2(5r_0, 20r_0)$，其差分步长为 $\Delta r_2 = r_0/3$，节点 $i = 22,$ 23，24$\cdots$，66；第三部分 $D_3(20r_0, \infty)$，其差分步长为 $\Delta r_3 = r_0/2$，节点 $i = 67, 68\cdots$。差分网格节点分布如图 3-3 所示。

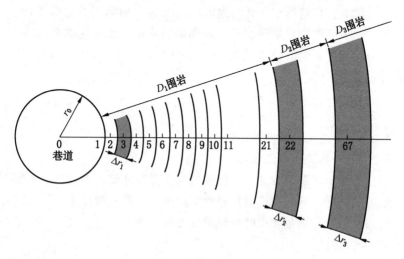

图 3-3　差分网格节点划分示意图

当节点 $i = 1$ 时，$r_1 = r_0$；D_1、D_2 和 D_3 区域内各节点距巷道中心的距离分别为

$$D_1, r_i = (2i + 7) \Delta r_1/2$$
$$D_2, r_i = (2i - 13) \Delta r_2/2$$
$$D_3, r_i = (2i - 53) \Delta r_3/2$$

按上述异步长差分法进行网格划分，在 D_1、D_2、D_3 区域内会同时存在均匀和非均匀网格节点，其中非均匀网格节点均位于各区域的交界处，分别为 $i = 2$、21、22、66、67。

根据划分区域，结合矿井实际情况，得到 D_1、D_2、D_3 区域交界处的边界条件，具体如下：

巷道壁面（$r = r_0$）：

$$\lambda_1 \frac{\partial T_1}{\partial r} = h \ (t_b - t_f) \qquad (3-33)$$

D_1 和 D_2 区域交界处的边界条件（$r = 5r_0$）：

$$\begin{cases} T_1(t, r) = T_2(t, r) \\ \lambda_1 \dfrac{\partial T_1}{\partial r} = \lambda_2 \dfrac{\partial T_2}{\partial r} \end{cases} \qquad (3-34)$$

D_2 和 D_3 区域交界处的边界条件（$r = 20r_0$）：

$$\begin{cases} T_3(t, r) = T_2(t, r) \\ \lambda_3 \dfrac{\partial T_1}{\partial r} = \lambda_2 \dfrac{\partial T_1}{\partial r} \end{cases} \qquad (3-35)$$

初始条件：

$$\begin{cases} T_3(t, \infty) = T_0 \\ T_i(0, r) = T_0 \end{cases} \quad (i = 1, 2, 3) \qquad (3-36)$$

式中　　　　T_i——各区域内对应岩体的温度，℃；

　　λ_1、λ_2、λ_3——D_1、D_2、D_3 区域内对应岩体的导热系数，$\lambda_1 =$
　　　　　　$\lambda_2 = \lambda_3$，W/(m·℃)；

　　　　t_b——巷道壁面的温度，℃；

　　　　r——围岩位置距巷道中心的距离，m；

　　　　T_0——巷道开挖前岩体的温度，℃；

　　　　t——通风时间，s；

　　　　h——风流与巷道壁面之间的对流换热系数，W/
　　　　　　(m²·℃)；

　　　　t_f——巷道风流的温度，℃。

3.2.3.2 数学模型建立

　　相比于稳态导热，非稳态导热的控制方程中需要多考虑一个非稳态项。本书中，对式（3-32）非稳态项的离散采用向前差分格式，扩散项则采用中心差分格式。在均匀网格内，经泰勒级数展开，可分别计算出其一阶二阶偏导数的表达式：

$$\begin{cases} \dfrac{\partial t}{\partial \tau} = \dfrac{t_i^{k+1} - t_i^k}{\Delta \tau} \\[3mm] \dfrac{\partial t}{\partial r} = \dfrac{t_{i+1}^k - t_{i-1}^k}{2\,(\Delta r_j)} \\[3mm] \dfrac{\partial^2 t}{\partial r^2} = \dfrac{t_{i+1}^k - 2t_i^k + t_{i-1}^k}{(\Delta r_j)^2} \end{cases} \qquad (3\text{-}37)$$

将式（3-37）代入式（3-32）中，得到其相对应的显式离散形式：

$$t_i^{k+1} = F_{j_\Delta}\left(\frac{\Delta r_j}{2r_i}+1\right)t_{i+1}^k + F_{j_\Delta}\left(1-\frac{\Delta r_j}{2r_i}\right)t_{i-1}^k + (1-2F_{j_\Delta})\,t_i^k \quad (3\text{-}38)$$

$$F_{j_\Delta} = \frac{\alpha_i \cdot \Delta \tau}{(\Delta r_j)^2} \qquad (3\text{-}39)$$

式中 t_i^k——节点 i 上 k 时刻的温度，℃；

t_{i-1}^k——节点 $i-1$ 上 k 时刻的温度；℃

t_{i+1}^k——节点 $i+1$ 上 k 时刻的温度，℃；

Δr_1——节点 i 在 D_1 区域内的差分步长，m；

Δr_2——节点 i 在 D_2 区域内的差分步长，m；

Δr_3——节点 i 在 D_3 区域内的差分步长，m；

$\Delta \tau$——时间步长，m；

$F_{j_\Delta}(j=1,2,3)$——D_1、D_2 和 D_3 区域内的傅里叶数，分别为 $F_{1\Delta}$、$F_{2\Delta}$、$F_{3\Delta}$。

由式（3-38）可知，节点 i 上 $k+1$ 时刻的温度是根据该点上一时刻 k 的温度，并考虑了 k 时刻相邻节点 $i-1$、$i+1$ 上的温度影响后计算得出的。其物理意义表明，若相邻两节点温度对节点 i 的影响不变，节点 i 上 k 时刻的温度越高，则其前后时刻的温度也越高；反之同理。

为使差分方程满足上述合理性，式（3-38）中 t_i^k 前的系数必须大于等于 0，故网格节点的稳定条件为

$$1-2F_{j_\Delta}\geqslant 0,\ F_{j_\Delta}\leqslant \frac{1}{2} \qquad (3\text{-}40)$$

由图 3-3 可知，在 D_1 区域内，均匀网格节点 i ($i=3$, …, 20) 对应的差分步长 $\Delta r_j = \Delta r_1 = r_0/5$，节点 i 距巷道中心的距离 $r_i = (2i+7)\Delta r_1/2$。将 Δr_1 和 r_i 代入式 (3-38) 中，可得 D_1 区域内显式差分格式为

$$t_i^{k+1} = \frac{2i+8}{2i+7}F_{1\Delta}t_{i+1}^k + (1-2F_{1\Delta})t_i^k + \frac{2i+6}{2i+7}F_{1\Delta}t_{i-1}^k \quad (3-41)$$

同理，计算 D_2 区域 ($i=23$, …, 65)、D_3 区域 ($i=68$, …) 内显式差分格式为

$$t_i^{k+1} = \frac{2i-12}{2i-13}F_{2\Delta}t_{i+1}^k + (1-2F_{2\Delta})t_i^k + \frac{2i-14}{2i-13}F_{2\Delta}t_{i-1}^k \quad (3-42)$$

$$t_i^{k+1} = \frac{2i-52}{2i-53}F_{3\Delta}t_{i+1}^k + (1-2F_{3\Delta})t_i^k + \frac{2i-54}{2i-53}F_{3\Delta}t_{i-1}^k \quad (3-43)$$

由于式 (3-41)、式 (3-42) 和式 (3-43) 仅适用于均匀网格节点，故还需研究非均匀网格节点的差分格式。

对于非均匀网格节点，借助岑衍强等人提出的计算方法，通过其自变量和函数关系进行计算。非均匀网格节点关系如图 3-4 所示。在非均匀网格中，引用变量 S_W、S_E（图 3-4）。通过对图 3-4 观察可知，$r_i - r_{i-1} = S_W\Delta r$，$r_{i+1} - r_i = S_E\Delta r$。

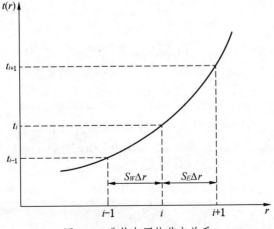

图 3-4 非均匀网格节点关系

根据上述推导，可分别计算出非均匀网格一阶二阶偏导数的表达式为

$$\begin{cases} \left.\dfrac{\partial t}{\partial \tau}\right|_{r=r_i} = \dfrac{t_i^{k+1} - t_i^k}{\Delta \tau} \\[3mm] \left.\dfrac{\partial t}{\partial r}\right|_{r=r_i} = \dfrac{1}{\Delta r}\left[\dfrac{S_W}{S_E(S_W+S_E)}t_{i+1}^k - \dfrac{S_W-S_E}{S_E S_W}t_i^k - \dfrac{S_E}{S_W(S_W+S_E)}t_{i-1}^k \right] \\[3mm] \left.\dfrac{\partial^2 t}{\partial r^2}\right|_{r=r_i} = \dfrac{2}{(\Delta r)^2}\left[\dfrac{1}{S_E(S_W+S_E)}t_{i+1}^k - \dfrac{1}{S_E S_W}t_i^k - \dfrac{1}{S_W(S_W+S_E)}t_{i-1}^k \right] \end{cases}$$

$$(3-44)$$

将式（3-44）代入式（3-38）中，得到非均匀节点 2、21、22、66、67 的通式为

$$t_i^{k+1} = \frac{\dfrac{\Delta r_j}{r_i}S_W+2}{S_E(S_W+S_E)}F_{j\Delta}t_{i+1}^k + \frac{2-\dfrac{\Delta r_j}{r_i}S_E}{S_W(S_W+S_E)}F_{j\Delta}t_{i-1}^k +$$

$$\left(1 - \frac{\dfrac{\Delta r_j}{r_i}(S_W-S_E)+2}{S_E S_W}F_{j\Delta} \right)t_i^k \qquad (3-45)$$

$$S_W = (r_i - r_{i-1})/\Delta r_j$$

$$S_E = (r_{i+1} - r_i)/\Delta r_j$$

式中，$F_{j\Delta}$、Δr_j、r_i 的计算取值方法与均匀网格中一致，变量 S_W、S_E 则根据非均匀网格节点自变量和函数关系变换得到。

相应得到节点 2、21、22、66、67 稳定条件的通式为

$$1 - \frac{\dfrac{\Delta r_j}{r_i}(S_W-S_E)+2}{S_E S_W}F_{j\Delta} \geqslant 0 \qquad (3-46)$$

经变换可得：

$$F_{j_\Delta} \leqslant \frac{S_E S_W}{\dfrac{\Delta r_j}{r_i}(S_W - S_E) + 2} \qquad (3-47)$$

由于节点 1 在围岩内边界处，其边界条件为对流换热边界，即第三类边界条件，故上述差分格式不能适用，应单独采用能量守恒定律对其进行推导。

对流换热的热流量计算公式：

$$\Phi_1 = 2\pi r_0 h(t_1 - t_f) \qquad (3-48)$$

基于等效热阻形式，热传导的热流量计算公式：

$$\Phi_2 = 2\pi\lambda \frac{t_2 - t_1}{\ln(r_2/r_0)} \qquad (3-49)$$

根据能量守恒定律，在节点 1 处能量应保持平衡，即 $\Phi_1 = \Phi_2$。

令 $\xi = \lambda/\ln(r_2/r_0)$，则节点 1 温度的计算公式：

$$t_1 = \frac{1}{\xi + \alpha r_0}(\xi t_2 + \alpha r_0 t_f) \qquad (3-50)$$

式中　α——岩体的导温系数，m^2/s；

　　　t_2——对应的节点 2 温度，℃；

　　　t_f——风流温度，℃。

综上，基于热力学第二定律，为使整个差分格式稳定，防止计算过程中出现振荡的解，节点温度需要遵循上述的全部稳定条件。

3.3 井巷围岩非稳态温度场数值模拟

3.3.1 ANSYS FLUENT 软件简介

ANSYS FLUENT 软件早期的原形是 Tempest，由英国谢菲尔德大学的 Boysan 和 Ayers 共同开发。之后由明尼苏达大学的 Dipankar Choudhury 和康奈尔大学的 Wayne Smith 等人进一步改进完善。目前最新版本为 ANSYS FLUENT 2022 R2。

ANSYS FLUENT 主要包含五大模块，分别为 Gambit、Space-Claim、ICEM CFD、Fluent、CFD-Post，其中 Gambit、SpaceClaim 和 ICEM CFD 是前处理软件，主要用于创建几何模型、定义流体

域及划分网格；Fluent 主要作为 CFD 求解器，负责导入网格模型，设置好特定的初始条件和边界条件，即可进行计算，是 CFD 软件的核心；CFD-Post 是后处理软件，主要用于绘制云图，以及后期的可视化处理。

目前，ANSYS FLUENT 软件作为流体力学中通用性较强的一种商业 CFD 软件，应用范围十分广泛。其最大的特点在于，拥有丰富的湍流模型，如 RSM 模型、k-ε 模型等，能够精确地模拟无粘流、层流、湍流；涵盖多种网格格式，如不连续网格、滑动网格和混合网格等，具备强大的网格适应能力。ANSYS FLUENT 的求解流程如图 3-5 所示。

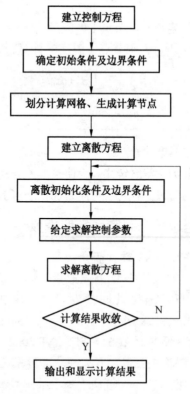

图 3-5　ANSYS FLUENT 求解流程图

3.3.2 控制方程

ANSYS FLUENT 在求解模型前，需建立控制方程组，即流体在巷道内流动和热交换时必须同时满足以下三个方程。

1. 质量守恒方程

质量守恒方程是指单位时间内，控制体中质量的增加量等于同一时间内流入该控制体的净质量。其中，$dxdydz$ 为控制体的体积，其公式为

$$\frac{\partial \rho}{\partial t} + \frac{\partial(\rho u)}{\partial x} + \frac{\partial(\rho v)}{\partial y} + \frac{\partial(\rho w)}{\partial z} = 0 \qquad (3-51)$$

式中　　　　　ρ——流体密度，kg/m^3；

　　　　t——时间，s；

　　　　u、v、w——流体在 x、y、z 方向上的速度分量，m/s。

其中，式 (3-51) 后三项为质量密度的散度，采用矢量符号方程可变换为

$$\frac{\partial \rho}{\partial t} + \mathrm{div}(\rho U) = 0 \qquad (3-52)$$

2. 动量守恒方程

动量守恒方程本质为牛顿第二定律，其中，x 方向动量方程：

$$\frac{\partial(\rho u)}{\partial t} + \mathrm{div}(\rho u U) = -\frac{\partial p}{\partial x} + \frac{\partial \tau_{xx}}{\partial x} + \frac{\partial \tau_{yx}}{\partial y} + \frac{\partial \tau_{zx}}{\partial z} + F_x \quad (3-53)$$

y 方向动量方程：

$$\frac{\partial(\rho v)}{\partial t} + \mathrm{div}(\rho v U) = -\frac{\partial p}{\partial y} + \frac{\partial \tau_{xy}}{\partial x} + \frac{\partial \tau_{yy}}{\partial y} + \frac{\partial \tau_{zy}}{\partial z} + F_y \quad (3-54)$$

z 方向动量方程：

$$\frac{\partial(\rho w)}{\partial t} + \mathrm{div}(\rho w U) = -\frac{\partial p}{\partial z} + \frac{\partial \tau_{xz}}{\partial x} + \frac{\partial \tau_{yz}}{\partial y} + \frac{\partial \tau_{zz}}{\partial z} + F_z \quad (3-55)$$

式中　F_x、F_y、F_z——质量力在 x、y、z 方向上的分量，N/m^3；

　　　　p——微元体上的压力，N；

　　　　τ_{ij}——控制体表面的黏性应力分量，Pa。

3. 能量守恒方程

能量守恒方程又称伯努利方程，由能量守恒第一定律推导得出，可表述为：流体控制体内总能量的变化率等于该控制体内的热量变化率与体积力、表面力对控制体所做功之和。

$$\frac{\partial(\rho T)}{\partial t} + \text{div}\,(\rho UT) = \text{div}\left(\frac{\lambda}{C_p}\text{grad}t\right) + \Phi_v + S_h \qquad (3-56)$$

式中　　T——流体的温度，℃；

　　　　S_h——内热源，J；

　　　　C_p——流体的比热容，J/（kg·℃）；

　　　　Φ_v——机械能转化为热能的部分，J；

　　　　λ——导热系数，W/（m·℃）。

综上所述，以上三种基本守恒方程作为 ANSYS FLUENT 软件模拟计算流固耦合传热的控制方程，其本质是基于有限体积法进行计算求解。

3.3.3　数值模型建立及验证

本节将以某联络巷为研究对象，首先利用 SpaceClaim 软件构建几何模型，其次利用 ICEM CFD 软件对其出入口、围岩固体域及巷道流体域进行定义，并划分网格，最后导入 ANSYS FLUENT 中进行求解计算。同时，借助该联络巷的实测结果，通过对比围岩各点的实测值与模拟值来验证该井巷传热模型的正确性。

3.3.3.1　建立几何模型

井下巷道的断面形状复杂，并不单一，大致可分为圆形、非圆形两类。相比于非圆形巷道断面，圆形巷道断面的优势更为明显，具有中心对称性，网格划分简单，容易建立围岩差分格式，便于计算出特定的理论解。而非圆形巷道断面就相对困难。在实际工程中，对于非圆形巷道，一般把它等效成圆形巷道后再进行计算处理。其换算方法一般分为三种：等水力直径法、等面积法、等周长法。据有关研究表明，这样的等效处理方法在保证高计算精度的同时，极大简化了数值计算过程。

本书选取的模型对象为龙固煤矿一联络巷，其处于辅二大巷和三采煤仓检修通道之间，距辅二大巷 50 m。其巷道长度为 110 m，宽度为 4.5 m，高度为 3.9 m，巷道形状为半圆拱，当量直径为 4.14 m。在数值模拟时，为了简化 ANSYS FLUENT 的求解过程，便于计算分析，采用等水力直径。求解时将实际断面等效成当量直径一致的圆形断面，即将实际的半圆拱巷道等效成当量直径为 4.14 m 的圆形巷道。在模型内边界 $r_0 = 2.07$ m 确定后，还需确定模型的外边界 r_1 的具体数值。围岩调热圈半径受地质条件影响较大，一般为 15~50 m。考虑到围岩温度场数值计算时需留有适当的安全储备，故本模型最外层边界取 $r_1 = 60$ m。

综上，采用 SpaceClaim 软件构建一个内径为 2.07 m，外径为 60 m 的同心圆环作为几何模型。

3.3.3.2 参数设置

根据假设条件，围岩均质、各向同性，热物理性质参数均为常数，不受温度变化的影响。为了能够更好地符合巷道实际，数值模拟中热物理性质参数选取龙固煤矿辅二大巷围岩实测数据。经现场勘探可知，岩体主要成分为砂岩，热物理性质参数分别为：导热系数 $\lambda = 3.0679$ W/(m·℃)，密度 $\rho = 2350$ kg/m^3，比热容 $c = 1840$ J/(kg·K)。该巷道的风量为 80 m^3/min，经计算得到风流速度为 0.08 m/s。巷道风流及围岩相关参数见表3-4。

表3-4　巷道风流及围岩相关参数

材料名称	密度 ρ/ (kg·m^{-3})	导热系数 λ/ [W·(m·℃)$^{-1}$]	比热容 c/ [J·(kg·K)$^{-1}$]	风流温度 t/ ℃	风流速度 v/ (m·s^{-1})
巷道风流	1.225	0.0242	1006.43	32	0.08
巷道围岩	2350	3.0679	1840	—	—

3.3.3.3 网格划分

网格划分的基本思想：根据围岩温度梯度的变化情况，逐步放大围岩外区域的网格步长。在温度梯度较大的壁面附近区域，采用较密的网格，在远离壁面区域则逐步划分较疏的网格。将建立的几何模型导入 ICEM CFD 中，对围岩固体域及巷道流体域进行定义，并进行网格划分。本次模拟采用全六面体网格结构，以巷道中心为原点，沿径向将巷道外围岩划分为 3 个区域：D_1 区域（2.07，10.35），D_2 区域（10.35，41.4），D_3 区域（41.4，60）。节点分布方法选择 BiGeometric，沿径向分别给定 21、45 和 19 个节点，划分出 20、44 和 18 个网格。各区域内网格步长一致，依次为 0.41 m、0.70 m、1 m。巷道长度方向上，即 Z 轴方向，设置节点数为 221，网格步长为 0.5 m，等距离划分出 220 个网格。通过检查网格质量可知，按上述方法划分，其网格质量均在 0.8以上，形状十分规则，在温度场计算时能够保证较高的计算精度，且节省计算时间。巷道围岩几何模型及网格划分如图 3-6所示。

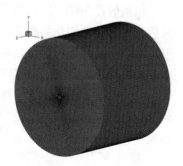

图 3-6　巷道围岩几何模型及网格划分

3.3.3.4　边界条件

为便于传热模型求解时收敛，需设置合理的边界条件。围岩内、外边界如图 3-7 所示。

根据对边界条件的分析，并结合龙固煤矿联络巷的实际情况，围岩内边界应设置为第三类边界条件，即对流换热边界，表面对流换热系数设定为 0.77 W/(m² · ℃)。围岩外边界应设置为第一类边界条件，即恒温边界，外边界温度设定为原始岩温

40.5 ℃。由于通风开始前，壁面温度等于原始岩温，故围岩温度场求解时的初始条件设置为原始岩温 40.5 ℃。

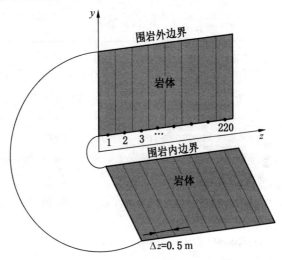

图 3-7 围岩内外边界示意图

3.3.3.5 温度场模拟

利用 ANSYS Fluent 软件对联络巷温度场进行模拟计算时，还需要对相关求解条件进行设置。首先，将风流的入口边界条件设置为速度入口，然后根据实际风温、风速的数值大小完成进一步设定。其次，需将风流的出口边界条件设置为压力出口，将围岩壁面设置为空气流体域与岩体固体域的耦合接触面。同时，为保证温度变化仅由围岩与风流间的热交换导致，将数值模型中巷道围岩的前后截面设置为绝热边界，使边界温度发生变化的同时不受到其他因素的干扰。另外，ANSYS Fluent 中还需要选择求解器类型、能量方程、湍流模型、求解算法等，具体设置见表 3-5。

为了能更好地对比实测结果，以数值模型巷道中心点为原点，巷道轴线方向为 Z 轴，高度方向为 Y 轴，水平方向为 X 轴，取通风 3 年（1080 d）后，距巷道 50 m 处断面（即 $X = 0$ m，$Y = 0$ m，$Z = 50$ m）模拟数据。模拟结果经 Tecplot 软件处理后，即

可得到巷道该处截面的围岩温度场分布等值线图，如图 3-8
所示。

表3-5　相关参数设置

类别	设置参数
求解器类型	压力基求解器
湍流模型	Standard $k-\varepsilon$ 模型
时间	瞬态
组分输运模型	打开
能量方程	打开
巷道入口边界类型	速度入口
巷道出口边界类型	压力出口
围岩边界温度	40.5 ℃
入口风流温度	32 ℃
入口风流速度	0.08 m/s
求解算法	SIMPLE
求解格式	Least Squares Cell Based

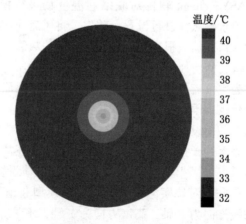

图 3-8　巷道 50 m 处围岩温度场分布等值线图

3.3.3.6 模型验证

为保证井巷传热模型的准确性和可行性，将联络巷 3 号钻孔实测所得的围岩各点温度与模拟结果相对比。联络巷中各测点的温度实测值与温度模拟值见表 3-6。

表 3-6　联络巷中各测点的温度实测值与温度模拟值

围岩深度/m	实测温度值/℃	模拟温度值/℃	相对误差/%
1.52	33.32	35.43	5.9
5.05	34.67	37.92	8.6
8.59	36.31	39.17	7.3
11.62	37.19	39.78	5.8
14.65	38.26	40.13	4.6
18.70	39.31	40.36	2.6
22.23	39.81	40.45	1.6
25.34	40.18	40.48	0.74
27.29	40.27	40.49	0.54
29.31	40.33	40.49	0.39
30.32	40.33	40.49	0.39
31.33	40.28	40.49	0.51

为了更直观地观察实测值与模拟值随围岩深度的变化过程，对比两者间的误差，选取表 3-6 中各测点的实测值与模拟值进行 Origin 绘图。联络巷实测值与模拟值的对比结果如图 3-9 所示。

由图 3-9 可知，随着冷却范围不断延伸，围岩深部各点模拟值与实测值基本吻合。在围岩浅部，模拟所得的温度值与实测温度值仍有一定差异，但均在工程允许误差范围 10% 以内。综上，说明该传热模型正确，可用于接下来的围岩温度场模拟分析。

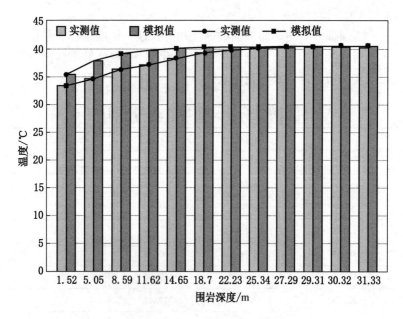

图 3-9　联络巷温度实测值与模拟值的对比结果

4 矿井井巷围岩调热圈温度场影响因素分析

4.1 单因素分析

4.1.1 通风时间

为进一步研究不同通风时间对巷道围岩温度场及调热圈半径的影响，仍沿用第3章构建的数值模型，保持岩体的热物理性质参数不变，选取不同通风时间进行数值模拟，具体模拟参数见表4-1。

表4-1 通风时间模拟参数设置

参数名称	方案一	方案二	方案三	方案四	方案五	方案六
原岩温度t_0/℃	40.5					
巷道半径r_0/m	2.07					
风流温度 T/℃	20					
风流速度 V/(m·s^{-1})	5					
风流相对湿度 φ/%	80					
导热系数 λ/[W·(m·℃)$^{-1}$]	3.0679					
导温系数 α/(m^2·s^{-1})	0.71×10^{-6}					
通风时间 τ/d	180	360	720	1080	1440	1800

基于上述参数，通过 ANSYS Fluent 软件模拟分析不同通风时间对围岩温度场分布的影响。经模拟计算，取距巷道55 m处断面（即 $X=0$ m，$Y=0$ m，$Z=55$ m）模拟结果，将模拟结果由 Tecplot 处理后，得到不同通风时间下巷道中间截面位置的围岩温度场分布等值线图，如图4-1所示。

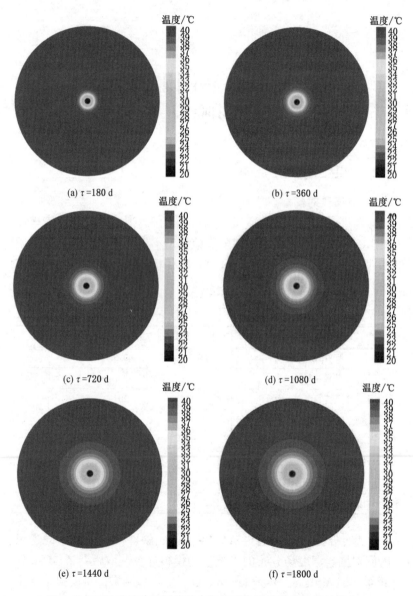

图4-1　不同通风时间下巷道中间截面位置的围岩温度场变化

巷道未开挖前，围岩各点温度均为原始岩温，处于一种热平衡状态。但当巷道形成并通风后，由于围岩与巷道风流间温差的存在，热平衡状态会立即遭到破坏。温度较高的围岩向巷道中的低温风流持续散热，致使围岩调热圈半径不断扩大。当围岩调热圈的最外层边界温度达到原始岩温时，围岩各点重新达到热平衡，此时温度场趋于稳定，调热圈半径将不再增加。由图 4-1 可知，距巷道壁面越近，围岩温度场等温线越密集。这说明距巷道壁面越近，围岩与巷道风流间的换热越激烈，温度梯度越大。随着围岩径向深度的增加，调热圈等温线越来越稀疏，围岩温度梯度减小，调热圈等温线形状近似一组对称分布的同心圆曲线。

另外，在通风 180 d 到 1800 d 的过程中，围岩调热圈半径不断扩大，但增加速率逐年减小。这主要是因为通风初期围岩与巷道风流间温差较大，以热传导和热对流为主的热交换频繁进行，使围岩冷却速度较快，围岩调热圈半径不断扩大；但随着通风时间的增加，围岩与巷道风流间温差逐步减小，围岩与风流间热交换的剧烈程度相较于通风初期有所下降，热交换频率逐渐放缓后趋于稳定，致使围岩调热圈半径的增幅逐年减小。

为了更直观地了解不同通风时刻下围岩温度场的变化过程，采用 Origin 软件进行绘图分析，得到巷道中间断面沿 X 轴方向的温度场变化过程，如图 4-2 所示。

通过图 4-2 围岩温度场的变化过程可知，在不同通风时间下，同一位置的围岩温度值是不同的。以间隔 360 d 为例，通风时间每增加 360 d，同一位置的围岩温度值越低，且降幅越来越小。围岩壁面附近，温度数据点较为集中，温度梯度较大；远离围岩壁面处，温度场逐渐趋于稳定，深部围岩温度无限接近于 40.5 ℃。围岩温度的上升速率从大到小所对应的通风时间为 180 d、360 d、720 d、1080 d、1440 d、1800 d，而调热圈半径从大到小所对应的通风时间为 1800 d、1440 d、1080 d、720 d、360 d、180 d，说明通风时间与围岩温度的下降速率成反比，与

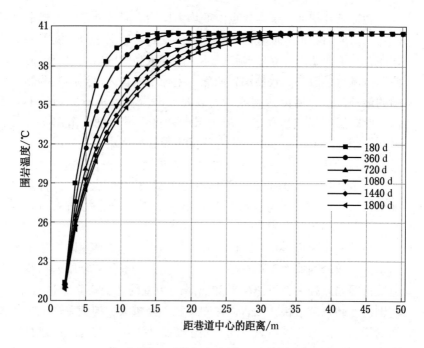

图 4-2　巷道中间断面沿 X 轴方向的温度场变化过程

调热圈半径成正比。其原因在于，通风初期，围岩与风流间热交换激烈，致使围岩温度下降较快，但一段时间后，两者热交换较为充分，使得围岩温度下降速率放缓。另外，不论通风时间长短，随着围岩径向深度的加深，围岩温度下降率均是不断减小，围岩温度随距巷道中心距离的增加而上升，并逐渐变缓直至呈水平的趋势。

　　由于温度场趋于稳定后，围岩深部各点温度值均相差不大，仅靠肉眼观测很难确定各通风时间下调热圈半径的实际大小。根据张源对调热圈半径的研究，调热圈半径与围岩温度呈一阶指数关系：

$$T = -j \times \exp\left(-\frac{R_0}{m}\right) + k \tag{4-1}$$

式中　　　　T——围岩温度，℃；

　　　　　　R_0——调热圈半径，m；

　　j、m、k——拟合系数。

因此，通过一阶指数函数对图 4-2 中的模拟结果进行拟合，对应的拟合公式见表 4-2。

表4-2　基于不同通风时间围岩温度与调热圈半径的拟合公式

通风时间 τ/d	拟合公式	相关性 R^2
180	$T = -40.95 \times \exp(-R_0/2.77) + 40.54$	0.985
360	$T = -33.72 \times \exp(-R_0/3.70) + 40.54$	0.988
720	$T = -28.92 \times \exp(-R_0/4.97) + 40.54$	0.996
1080	$T = -26.83 \times \exp(-R_0/5.89) + 40.53$	0.995
1440	$T = -25.58 \times \exp(-R_0/6.64) + 40.52$	0.998
1800	$T = -24.72 \times \exp(-R_0/7.27) + 40.50$	0.998

由表 4-2 拟合结果可知，围岩温度 T 与调热圈半径 R_0 呈一阶指数关系，其拟合相关性均大于 0.98。

在实际计算中，当巷道围岩温度分布满足如下条件时，即可认为该范围为调热圈区域，区域内温度场已稳定，调热圈半径大小不再变化。

$$\frac{|t - t_{gu}|}{t_{gu}} \geqslant 0.01 \qquad (4-2)$$

式中　　　　t——任意一点围岩温度，℃；

　　　　　t_{gu}——原始岩温，℃。

为了计算出围岩调热圈半径的近似值，取围岩温度的瞬时变化率等于 0.01，此时围岩温度场基本达到稳定，拟合公式中 R_0 可近似看作调热圈半径，则计算公式为

$$R \approx R_0 = -m\ln\frac{0.01m}{j} \qquad (4-3)$$

经式（4-3）计算可得到各通风时间下围岩调热圈半径的大小，见表4-3。

表4-3　各通风时间下围岩调热圈半径

通风时间 τ/d	拟合公式的导数 T'	调热圈半径 R_0/m
180	$T' = 14.78 \times \exp(-R_0/2.77)$	20.22
360	$T' = 9.11 \times \exp(-R_0/3.70)$	25.21
720	$T' = 5.82 \times \exp(-R_0/4.97)$	31.64
1080	$T' = 4.56 \times \exp(-R_0/5.89)$	36.06
1440	$T' = 3.85 \times \exp(-R_0/6.64)$	39.53
1800	$T' = 3.40 \times \exp(-R_0/7.27)$	42.38

由表4-3可知，在巷道围岩通风降温过程中，不同通风时间下围岩调热圈半径 R_0 分别为20.22 m、25.21 m、31.64 m、36.06 m、39.53 m、42.38 m，调热圈温度 T 分别为40.50 ℃、40.50 ℃、40.49 ℃、40.47 ℃、40.45 ℃、40.43 ℃，说明通风时间对围岩调热圈半径影响较大，对围岩调热圈温度影响有限，通风时间每增加360 d，调热圈半径大约增加4.29 m，调热圈温度大约下降0.02 ℃。

同时，为了能够更清楚地了解围岩区域不同位置处温度场的动态变化规律，在井巷传热模型计算过程中，沿巷道中间断面 X 轴方向设置6个温度监测点 L_1、L_2、L_3、L_4、L_5、L_6，各温度监测点距巷道中心的距离分别为5 m、10 m、20 m、30 m、40 m、50 m，温度监测点布置如图4-3所示。

选取通风时间1800 d，将各监测点的监测结果进行Origin绘图，得到围岩内部各监测点温度随通风时间的动态变化过程，如图4-4所示。

由图4-4观察可知，在巷道通风降温的过程中，尽管各监测点的围岩温度均有所降低，但围岩温度受扰动的时间及受扰动

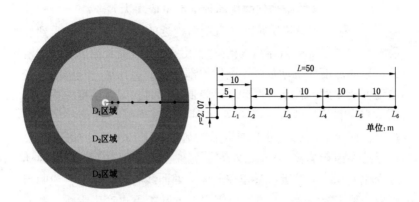

图 4-3　温度监测点布置图

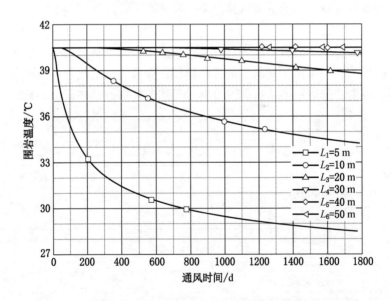

图 4-4　围岩内部各监测点温度随通风时间的动态变化过程

的程度大小仍存在较大差别。其中，距离巷道壁面 5 m 处的温度
监测点 L_1 最先受到扰动，距离巷道壁面 50 m 处的温度监测点 L_6
最晚受到扰动。各监测点受到扰动的先后次序为 L_1、L_2、L_3、

L_4、L_5、L_6，岩体所受到的扰动程度大小依次为 L_1、L_2、L_3、L_4、L_5、L_6。这一现象说明距离巷道壁面越近的温度监测点，受到扰动的时间越早，故岩体温度的降低幅度越大。随着通风时间的增加，岩体温度的扰动范围不断向深部延伸，但在这一过程中，岩体温度所受到的扰动程度却不断降低。同时，岩体温度的扰动范围是有限制的，至监测点 L_5 处时围岩温度所受的扰动程度已经很小，而至监测点 L_6 处时围岩温度基本未受到风流冷却的影响，仍保持在原始岩温 40.5 ℃左右。另外，两监测点 L_5、L_6 处的动态变化曲线十分接近，甚至在通风初期曲线有部分重合，说明当围岩达到一定深度后，风流对围岩温度基本不再产生影响，温度场趋于稳定，调热圈半径将处于 L_5、L_6 之间，即 40～50 m。该范围与上文通风 1800 d 时调热圈半径的计算结果 42.38 m 相吻合。

4.1.2 入口风温

为进一步研究不同入口风温对巷道围岩温度场及调热圈半径的影响，仍采用上述构建的传热模型，保持岩体的热物理性质参数不变，选取不同入口风流温度进行数值模拟，具体模拟参数见表 4-4。

表 4-4 入口风温模拟参数设置

参数名称	方案一	方案二	方案三	方案四
原岩温度 t_0/℃	\multicolumn{4}{c}{40.5}			
巷道半径 r_0/m	2.07			
风流温度 T/℃	15	20	25	30
风流速度 V/(m·s⁻¹)	5			
风流相对湿度 φ/%	80			
导热系数 λ/[W·(m·℃)⁻¹]	3.0679			
导温系数 α/(m²·s⁻¹)	0.71×10^{-6}			
通风时间 τ/d	1080			

基于上述参数，通过 ANSYS FLUENT 软件模拟分析不同入

口风温对围岩温度场分布的影响。将模拟结果经 TECPLOT 处理后，得到不同入口风温作用下巷道中间截面位置的围岩温度场分布等值线图，如图 4-5 所示。

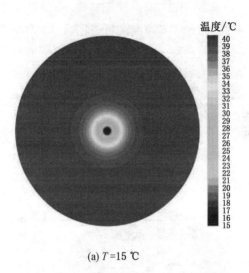

(a) T=15 ℃

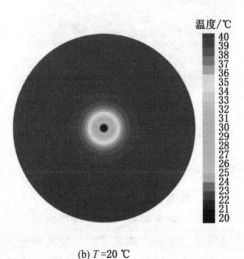

(b) T=20 ℃

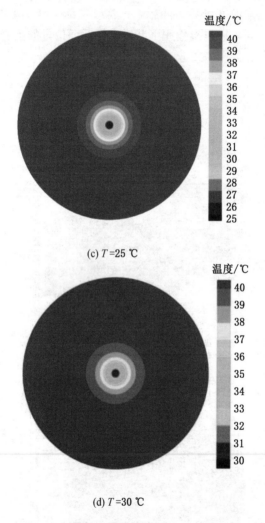

(c) T =25 ℃

(d) T =30 ℃

图 4-5　不同入口风温作用下巷道中间截面位置的围岩温度场变化

　　由图 4-5 可知，随着入口风流温度的增加，温差不断减小，浅部围岩调热圈等温线愈发稀疏，且总数逐渐减少。在围岩壁附近，调热圈等温线较为集中，围岩温度变化速率较快，温度梯度较大，但随着围岩深度的增加，调热圈等温线越来越稀疏，围岩温度变化速率减慢，温度梯度减小。另外，调热圈温度场等温线的形状与圆形巷道断面相近，可近似看作是一组呈对称分布的同心圆曲线。

在相同通风时间下，为了更直观揭示不同入口风温下巷道围岩温度随深度的变化规律，选取入口风温 T = 15 ℃、20 ℃、25 ℃、30 ℃进行 Origin 绘图，得到巷道中间断面沿 X 轴方向的温度场变化，如图 4-6 所示。

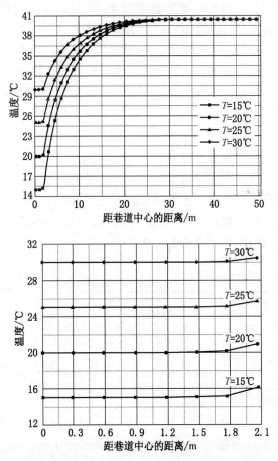

图 4-6　不同入口风温下围岩温度随深度的变化及局部放大图

由图 4-6 可知，靠近围岩壁面区域，调热圈的温度梯度较大，等温线密集。为更清楚地观察出该区域的温度变化情况，将巷道中心至壁面的部分曲线，即 0~2.07 m 区域，进行局部放大。根据局部放大图可知，风流温度与围岩温度在围岩壁面处具有连续性，而温度梯度在围岩壁面处产生突变，巷道外围岩区域的温度梯度远大于风流的温度梯度，其原因在于，两种不同介质的导热系数存在较大差距，围岩的导热系数较大，因此温度在围岩体内传播速率较快。通过观察图 4-6 可知，除去巷道中心至壁面的部分曲线（0~2.07 m），不同入口风温下温度梯度的大小次序为 15 ℃、20 ℃、25 ℃、30 ℃。这一现象说明随着入口风温的降低，巷道风流温度与原始岩温之间的温差越大，两者之间的热交换进行越激烈，造成温度梯度增加，围岩调热圈向岩层深部延伸得越快。在围岩壁附近，温度变化速率较快，但随着距离的增加，温度变化速率逐渐减慢后趋向于 0，温度场基本稳定，调热圈最外层边界温度接近围岩原始岩温。

由于温度场趋于稳定后，围岩深部各点温度值均相差不大，仅靠肉眼观测很难确定各入口风温下调热圈半径的实际大小。因此，采用一阶指数函数模型（4-1）对图 4-6 中的模拟数据进行拟合，对应的拟合公式见表 4-5。

表 4-5　基于不同入口风温岩石温度与调热圈半径的拟合公式

入口风温 T/℃	拟合公式	相关性 R^2
15	$T = -33.39 \times \exp(-R_0/5.89) + 40.54$	0.995
20	$T = -26.83 \times \exp(-R_0/5.89) + 40.53$	0.996
25	$T = -20.27 \times \exp(-R_0/5.89) + 40.52$	0.998
30	$T = -13.72 \times \exp(-R_0/5.89) + 40.52$	0.998

由表 4-5 拟合结果可知，在不同入口风温的作用下，围岩温度 T 与调热圈半径 R_0 呈一阶指数关系，其拟合相关性均大于 0.99。

为了计算出围岩调热圈半径的近似值，仍采用上文的计算方法。利用式（4-3）计算，可得到各入口风温下围岩调热圈半径的大小，见表4-6。

表4-6　不同入口风温下围岩调热圈半径

入口风温 $T/℃$	拟合公式的导数 T'	调热圈半径 R_0/m
15	$T' = 5.67 \times \exp(-R_0/5.89)$	37.34
20	$T' = 4.56 \times \exp(-R_0/5.89)$	36.06
25	$T' = 3.44 \times \exp(-R_0/5.89)$	34.40
30	$T' = 2.33 \times \exp(-R_0/5.89)$	32.10

由表4-6可知，在巷道围岩通风降温过程中，不同入口风温下的围岩调热圈半径是不同的。其中，入口风温为15 ℃时，围岩调热圈半径最大，达37.34 m。其调热圈半径 R_0 分别为37.34 m、36.06 m、34.40 m、32.10 m，调热圈温度 T 分别为40.48 ℃、40.47 ℃、40.46 ℃、40.46 ℃，说明入口风流温度的变化对调热圈半径影响较大，随着入口风温的逐渐升高，巷道风温与围岩原始岩温之间的温差逐渐缩小，二者之间的热交换速率减慢，致使围岩调热圈半径逐渐减小。入口风流温度每增加5 ℃，围岩调热圈半径大约减少1.75 m。

同时，为了能够更直观地了解围岩内部不同位置处温度场的动态变化规律，在传热模型内部，按图4-3所示，设置6个温度监测点 L_1、L_2、L_3、L_4、L_5、L_6。选取入口风温 $T=15$ ℃、20 ℃、25 ℃、30 ℃，将各监测点的监测结果进行 Origin 绘图，得到围岩内部各监测点温度随通风时间的动态变化过程，如图4-7所示。

通过对图4-7分析可知，在不同入口风温作用下，围岩内部温度场随通风时间变化的动态规律主要有：

（1）在巷道通风降温的过程中，围岩温度变化主要分为三个阶段：第一阶段，在通风初期，由于两者间的温差较大，风流与围岩间热交换速率较快，换热充分，致使围岩温度下降很快，且距巷道中心越近的监测点，温度下降越显著；第二阶段，围岩温度的下降速率由快变慢，这是由于经过一段时间的换热，两者间的温差逐渐缩小，热交换速率减慢；第三阶段，围岩温度的下降速率趋向于 0，温度场趋于稳定，围岩温度基本不再变化。

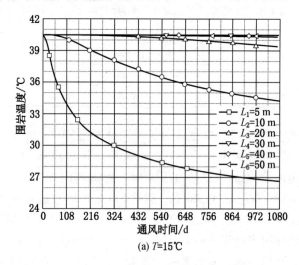

(a) T=15℃

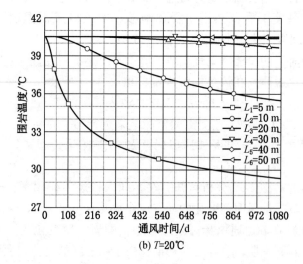

(b) T=20℃

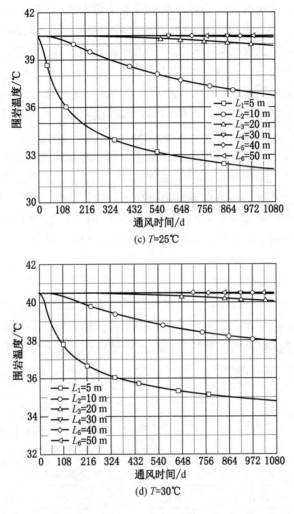

图4-7　不同风温下各监测点温度随通风时间的动态变化过程

（2）对不同风温下各监测点温度变化过程分析可知，入口风温越低，围岩温度下降速率越快，即入口风温越低，温度随通风时间的变化曲线越陡峭。这是由于在原始岩温不变的前提下，风温越低，两者间的温差越大，致使热交换速率较快，换热更充分，单位通风时间内围岩温度下降速率越大。

（3）尽管各监测点的围岩温度均有所降低，但围岩温度受扰动的时间及受扰动的程度大小仍存在较大差别。不论入口风温高低，各监测点受到扰动的先后次序均为 L_1、L_2、L_3、L_4、L_5、L_6，岩体所受扰动程度的大小次序均为 L_1、L_2、L_3、L_4、L_5、L_6。这说明距离巷道壁面越近的岩体的温度监测点，受到风流扰动的时间越早，所受的扰动程度也越大。

（4）在 4 组不同风温的作用下，L_5、L_6 两监测点处的曲线均基本重合，围岩温度无限接近 40.5 ℃，且 L_4、L_5 两监测点处的曲线十分接近，甚至在通风初期有部分曲线重合。这说明 L_5、L_6 两处的围岩温度未受风流影响，即风流的冷却范围未达到 40 m 后；围岩温度场从监测点 L_4 处开始趋于稳定，调热圈半径将处于 L_4、L_5 之间，即 30~40 m。

4.1.3　入口风速

为进一步研究不同入口风速对巷道围岩温度场及调热圈半径的影响，仍采用上述构建的传热模型，保持岩体的热物理性质参数不变，选取不同入口风流速度进行数值模拟，具体模拟参数见表 4-7。

表 4-7　入口风速模拟参数设置

参数名称	方案一	方案二	方案三	方案四
原岩温度 t_0/℃	40.5			
巷道半径 r_0/m	2.07			
风流温度 T/℃	20			
风流速度 V/(m·s^{-1})	3	5	6	7
风流相对湿度 φ/%	80			
导热系数 λ/[W·(m·℃)$^{-1}$]	3.0679			
导温系数 α/(m²·s^{-1})	0.71×10^{-6}			
通风时间 τ/d	1080			

基于上述参数，通过 ANSYS FLUENT 软件模拟分析不同入口风速对围岩温度场分布的影响。将模拟结果经 TECPLOT 处理后，得到不同入口风速作用下巷道中间截面位置的围岩温度场分布等值线图，如图 4-8 所示。

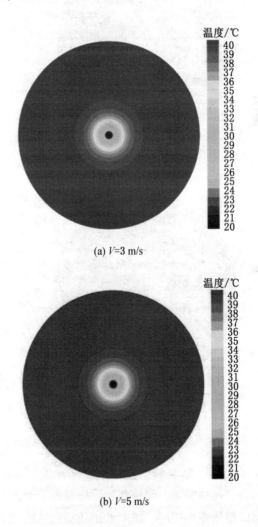

(a) V=3 m/s

(b) V=5 m/s

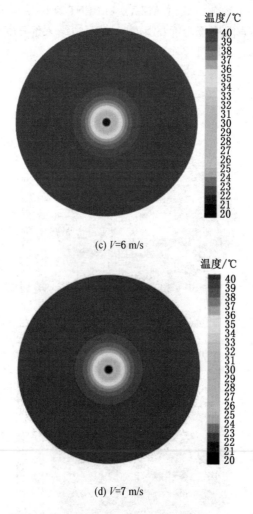

(c) V=6 m/s

(d) V=7 m/s

图 4-8　不同入口风速作用下巷道中间截面位置的围岩温度场变化

由图 4-8 可知，随着巷道入口风速的增大，不论浅部围岩还是深部围岩，调热圈等温线密集程度皆相差不大，温度梯度相近，且等温线总数基本相同，说明巷道入口风速的变化对调热圈温度场的最终分布影响不大。

在相同通风时间下，为了更加直观揭示不同入口风速下巷道围岩温度场分布规律，选取入口风速 V = 3 m/s、5 m/s、6 m/s、7 m/s 进行 Origin 绘图，得到巷道中间截面沿 X 轴方向的温度场变化，如图 4-9 所示。

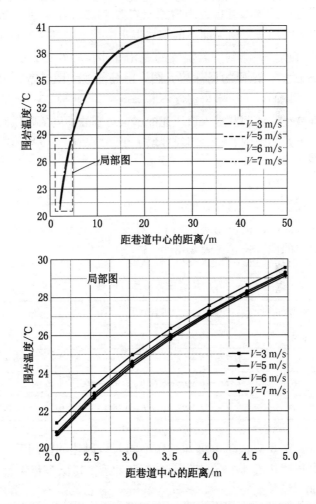

图 4-9　不同入口风速下围岩温度随深度的变化及局部放大图

通过对图4-9观察可知，在巷道壁附近，围岩温度梯度较大，但随着距巷道壁距离的增加，温度梯度逐渐减小，最后趋向于0。同时，随着距巷道中心距离的增加，围岩温度不断升高，深度大约在35 m处时，围岩温度场重新达到新的热平衡，即调热圈最外层边界温度接近围岩原始岩温40.5 ℃。另外，从整体分析上看，由于4组风速下的围岩温度变化相差不大，Origin绘图无法直接地观测到围岩温度的变化规律，故得到2.07（壁面处）~5 m这一区段的局部放大图。由局部放大图清楚知道，随着入口风速的增大，围岩温度不断降低，并且围岩温度的降低幅度逐渐减小，说明巷道入口风速的增大对围岩温度的降低有一定影响，但影响范围有限，当风速增大到一定值后，围岩温度将不再变化。

考虑到围岩温度场趋于稳定后，围岩深部各点温度值均相差不大，仅靠肉眼观测很难确定各入口风速下围岩调热圈半径的实际大小。因此，仍采用式（4-1）对图4-9中的模拟数据进行拟合，对应的拟合公式见表4-8。

表4-8　基于不同入口风速围岩温度与调热圈半径的拟合公式

入口风速 $V/(\mathrm{m \cdot s^{-1}})$	拟合公式	相关性 R^2
3	$T=-26.21 \times \exp(-R_0/5.88)+40.53$	0.996
5	$T=-26.83 \times \exp(-R_0/5.89)+40.53$	0.996
6	$T=-26.99 \times \exp(-R_0/5.90)+40.53$	0.994
7	$T=-27.06 \times \exp(-R_0/5.90)+40.53$	0.994

由表4-8拟合结果可知，在不同入口风速的作用下，围岩温度 T 与调热圈半径 R_0 呈一阶指数关系，其拟合相关性均大于0.99。

为了计算出围岩调热圈半径的近似值，仍采用上文的数学计算方法，利用式（4-3）计算，可得到各入口风速下围岩调热圈半径的大小，见表4-9。

表4-9　不同入口风速下围岩调热圈半径

入口风速 $V/(\text{m} \cdot \text{s}^{-1})$	拟合公式的导数 T'	调热圈半径 R_0/m
3	$T' = 4.46 \times \exp(-R_0/5.88)$	35.87
5	$T' = 4.56 \times \exp(-R_0/5.89)$	36.06
6	$T' = 4.57 \times \exp(-R_0/5.90)$	36.14
7	$T' = 4.59 \times \exp(-R_0/5.90)$	36.16

由表4-9可知，不同入口风速的变化对围岩调热圈半径有一定影响，但影响有限。其调热圈半径 R_0 分别为35.87 m、36.06 m、36.14 m、36.16 m，调热圈温度 T 分别为40.48 ℃、40.47 ℃、40.46 ℃、40.46 ℃，说明入口风速的变化对围岩调热圈半径有一定影响，但影响十分有限，围岩调热圈半径随入口风速的增大而增大。但当入口风速增大到6 m/s后，围岩调热圈半径变化不再明显，说明风速增大到一定值后，调热圈半径基本稳定，继续增大风速，对其影响不大。

同时，为了能够更直观地了解围岩内部不同位置处温度场的动态变化规律，选取入口风速 $V=3$ m/s、5 m/s、6 m/s、7 m/s，将图4-3中各测点的监测结果进行 Origin 绘图，得到围岩内部各监测点温度随通风时间的动态变化过程，如图4-10所示。

通过对图4-10分析可知，在不同入口风速作用下，围岩内部温度场随通风时间变化的动态规律主要有：

（1）在非稳态传热过程中，不同风速下围岩温度随巷道通风时间的动态变化趋势基本一致，主要分为三个阶段：第一阶段，非稳态传热初期，围岩温度下降速率较快，且距巷道中心越近的监测点，温度下降越显著；第二阶段，围岩温度的下降速率由快变慢，这是由于经过一段时间的换热，两者间的温差逐渐缩小，热交换速率减慢；第三阶段，围岩温度的下降速率趋向于

0，温度场趋于稳定，围岩温度基本不再变化。

（2）对不同风速下各监测点温度变化过程分析可知，在非稳态传热初期，围岩温度的降低速率随风速的增大而增大，即风速越大，围岩温度随通风时间变化的曲线越陡峭。其原因在于，

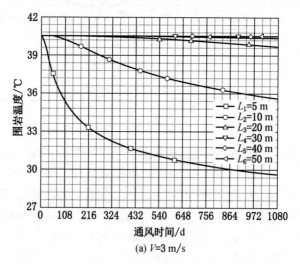

(a) V=3 m/s

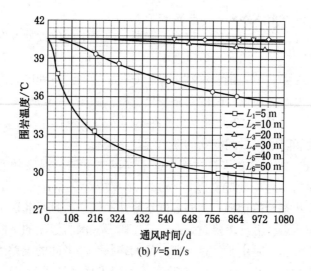

(b) V=5 m/s

对流换热系数的大小主要受风速影响，风速越大，其对流换热系数也随之增大，致使两者的热交换速率越快，风流所带走的热量越多。因此，风速越大，单位通风时间内围岩温度下降速率越大，围岩温度进入稳定状态所用的时间越短。

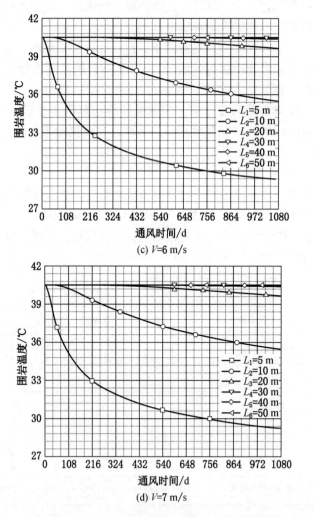

(c) $V=6$ m/s

(d) $V=7$ m/s

图 4-10　不同入口风速下各监测点温度随通风时间的动态变化过程

（3）尽管各监测点的围岩温度均有所降低，但围岩温度受扰动的时间及受扰动的程度大小仍存在较大差别。不论入口风速大小，各监测点受到扰动的先后次序均为 L_1、L_2、L_3、L_4、L_5、L_6，岩体所受扰动程度的大小次序均为 L_1、L_2、L_3、L_4、L_5、L_6。这说明距离巷道壁面越近的岩体的温度监测点，受到风流扰动的时间越早，所受的扰动程度也越大。

（4）在 4 组不同风速作用下，L_5、L_6 两监测点处的曲线均基本重合，温度无限接近 40.5 ℃，且 L_4、L_5 两监测点处的曲线十分接近，甚至在通风初期有部分曲线重合。这说明 L_5、L_6 两处的围岩温度均未受风流影响，即风流的冷却范围未达到 40 m 后；围岩温度场从监测点 L_4 处开始趋于稳定，调热圈半径将处于 L_4、L_5 之间，即 30~40 m。

4.1.4　导温系数

为进一步研究不同围岩导温系数对巷道围岩温度场及调热圈半径的影响，仍沿用上述构建的传热模型，并保持岩体的密度、比热容不变，选取不同导温系数进行数值模拟，具体模拟参数见表 4-10。

表 4-10　导温系数模拟参数设置

参数名称	方案一	方案二	方案三	方案四
原岩温度 t_0/℃	40.5			
巷道半径 r_0/m	2.07			
风流温度 T/℃	20			
风流速度 V/(m·s^{-1})	5			
风流相对湿度 φ/%	80			
导温系数 α/(m^2·s^{-1})	0.47×10^{-6}	0.71×10^{-6}	1.06×10^{-6}	1.43×10^{-6}
通风时间 τ/d	1080			

　　基于上述参数，通过 ANSYS FLUENT 软件模拟分析不同围岩导温系数对围岩温度场分布的影响。将模拟结果经 TECPLOT 处理后，得到不同围岩导温系数下巷道中间截面位置的围岩温度场分布等值线图，如图 4-11 所示。

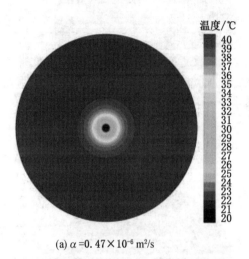

(a) $\alpha = 0.47 \times 10^{-6}$ m²/s

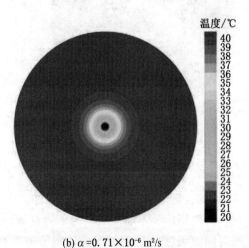

(b) $\alpha = 0.71 \times 10^{-6}$ m²/s

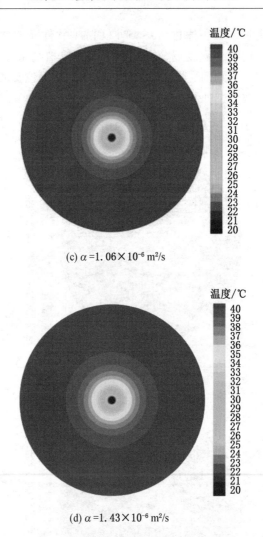

(c) $\alpha = 1.06 \times 10^{-6} \ m^2/s$

(d) $\alpha = 1.43 \times 10^{-6} \ m^2/s$

图 4-11   不同围岩导温系数下巷道中间截面位置的围岩温度场变化

由图 4-11 可知，随着围岩导温系数的增加，围岩受风流冷却的影响加剧，调热圈半径不断增大。为了能更清楚地了解不同导温系数下围岩内部温度的变化情况，选取导温系数 $\alpha = 0.47 \times 10^{-6} \ m^2/s$、$0.71 \times 10^{-6} \ m^2/s$、$1.06 \times 10^{-6} \ m^2/s$、$1.43 \times 10^{-6} \ m^2/s$ 进

行 Origin 绘图，得到巷道中间断面沿 X 轴方向的温度场变化，如图 4-12 所示。

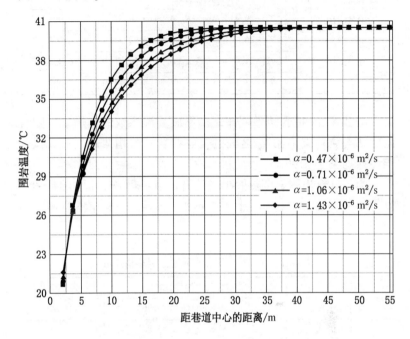

图 4-12　不同导温系数下围岩温度随深度的变化

由图 4-12 可知，在巷道壁面附近区域，即 2.07~5 m 范围内，导温系数对围岩温度无明显影响。在 5~35 m 的围岩区域内，围岩导温系数与围岩温度成反比，导温系数越大，围岩温度下降越快。其原因在于，在温度梯度一致时，围岩导温系数越大，围岩能够传递出更多的热量，致使围岩温度下降较快，受风流冷却的范围增大。

由于温度场趋于稳定后，围岩深部各点温度值均相差不大，仅靠肉眼观测很难确定各不同导温系数下围岩调热圈半径的实际大小。因此，采用式（4-1）对图 4-12 中的模拟数据进行拟合，对应的拟合公式见表 4-11。

表4-11　基于不同导温系数围岩温度与调热圈半径的拟合公式

导温系数 $\alpha/(\mathrm{m^2 \cdot s^{-1}})$	拟合公式	相关性 R^2
0.47×10^{-6}	$T = -29.41 \times \exp\left(-R_0/4.96\right) + 40.53$	0.995
0.71×10^{-6}	$T = -26.86 \times \exp\left(-R_0/5.88\right) + 40.52$	0.996
1.06×10^{-6}	$T = -24.66 \times \exp\left(-R_0/6.94\right) + 40.51$	0.998
1.43×10^{-6}	$T = -23.18 \times \exp\left(-R_0/7.82\right) + 40.48$	0.998

　　由表4-11拟合结果可知，在不同导温系数的作用下，围岩温度 T 与调热圈半径 R_0 之间的关系符合一阶指数函数，其拟合相关性均大于0.99。

　　为了计算出围岩调热圈半径的近似值，仍采用上文的数学计算方法，利用式（4-3）计算，可得到各导温系数下围岩调热圈半径的大小，见表4-12。

表4-12　不同导温系数下围岩调热圈半径

导温系数 $\alpha/(\mathrm{m^2 \cdot s^{-1}})$	拟合公式的导数 T'	调热圈半径 R_0/m
0.47×10^{-6}	$T' = 5.93 \times \exp\left(-R_0/4.96\right)$	31.67
0.71×10^{-6}	$T' = 4.57 \times \exp\left(-R_0/5.88\right)$	36.01
1.06×10^{-6}	$T' = 3.55 \times \exp\left(-R_0/6.94\right)$	40.75
1.43×10^{-6}	$T' = 2.96 \times \exp\left(-R_0/7.82\right)$	44.49

　　由表4-12可知，在巷道围岩通风降温过程中，不同导温系数下的围岩调热圈半径是不同的。其中，导温系数为 $1.43 \times 10^{-6} \mathrm{m^2/s}$ 时，围岩调热圈半径最大，达44.49 m。其调热圈半径 R_0 分别为31.67 m、36.01 m、40.75 m、44.49 m，说明围岩导温系数的变化对围岩调热圈半径影响显著。随着导温系数的增大，围岩内温度变化传递得越快，各点温度趋于一致的能力越强，致使围岩调热圈半径不断增大。

　　同时，为了更直观地揭示围岩内部不同位置处温度场的动态变化规律，在传热模型内部，仍按图4-3设置6个温度监测点

L_1、L_2、L_3、L_4、L_5、L_6。选取导温系数 $\alpha = 0.47 \times 10^{-6}$ m²/s、0.71×10^{-6} m²/s、1.06×10^{-6} m²/s、1.43×10^{-6} m²/s，将各测点的监测结果进行 Origin 绘图，得到围岩内部各监测点温度随通风时间的动态变化过程，如图 4-13 所示。

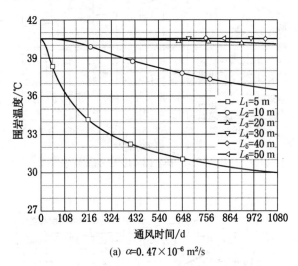

(a) $\alpha=0.47 \times 10^{-6}$ m²/s

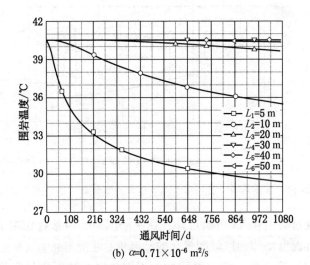

(b) $\alpha=0.71 \times 10^{-6}$ m²/s

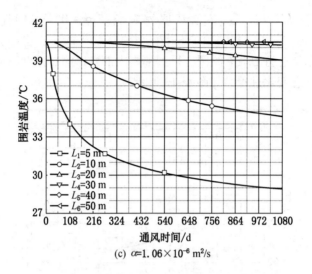

(c) $\alpha = 1.06 \times 10^{-6}$ m²/s

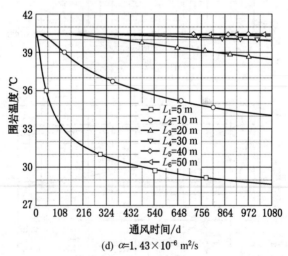

(d) $\alpha = 1.43 \times 10^{-6}$ m²/s

图 4-13　不同导温系数下各监测点温度随通风时间的动态变化过程

通过对图 4-13 分析可知，在不同围岩导温系数作用下，围岩内部温度场随通风时间变化的动态规律主要有：

（1）在非稳态传热过程中，不同导温系数下围岩温度随巷道通风时间的变化趋势相似，主要分为三个阶段：第一阶段，非稳态传热初期，围岩温度下降速率较快，且距巷道中心越近的监测点，温度下降越显著；第二阶段，围岩温度的下降速率由快变慢，这是由于经过一段时间的通风，两者间换热较充分，不如通风初期换热激烈，故热交换速率减慢；第三阶段，曲线渐趋水平，围岩温度的下降速率逐渐趋向于 0，即温度场开始趋于稳定，围岩温度基本无明显变化。

（2）对不同导温系数下各监测点温度变化过程分析可知，在非稳态传热初期，围岩导温系数越大，围岩温度降低速率越快，即围岩导温系数越大，围岩温度随通风时间变化的曲线越陡峭。其原因在于，导温系数表征围岩内部温度趋于一致的能力大小，其值越大，岩体内热传导速度越快，单位时间内传递的热量越多，从而使围岩冷却速度加快。

（3）尽管各监测点的围岩温度有所降低，但围岩温度受扰动的时间及受扰动的程度大小仍存在较大差别。不论导温系数大小，各监测点受到扰动的先后次序均为 L_1、L_2、L_3、L_4、L_5、L_6，岩体所受扰动程度的大小次序均为 L_1、L_2、L_3、L_4、L_5、L_6。这说明距离巷道壁面越近的岩体的温度监测点，受到风流扰动的时间越早，所受的扰动程度也越大。

（4）在图 4-13a、图 4-13b 中，L_5、L_6 两监测点处的曲线基本重合，温度十分接近 40.5 ℃，且 L_4、L_5 两监测点处的曲线十分接近，在通风初期甚至有部分曲线重合。这说明 L_5、L_6 两处的围岩温度均未受风流扰动，即风流的冷却范围未达到 40 m 后；围岩温度场从监测点 L_4 处开始趋于稳定，其调热圈半径将处于 L_4、L_5 之间，即 30~40 m。

（5）在图 4-13c、图 4-13d 中，L_5、L_6 两监测点处的曲线十分接近，在通风初期甚至有部分重合。这说明围岩温度场从监测点 L_5 处开始趋于稳定，其调热圈半径将处于 L_5、L_6 之间，即 40~50 m。

4.2　多因素分析

4.2.1　正交试验理论

正交试验的理论基础是正交拉丁方理论和群论。通过对正交试验设计矩阵进行分析，可以得到各个因素的主效应、交互效应以及误差效应等信息，从而确定最佳的因素组合，以达到优化响应变量的目的。

正交试验的优点是可以在少量试验中获得最多的信息，减少试验次数和成本，同时避免了试验中可能出现的干扰因素的影响。在工程、科研等领域中，正交试验法被广泛应用于产品开发、工艺优化、方案优选等方面，是一种高效的数理统计方法。

正交试验的结果分析主要有极差分析法和方差分析法两种方法。采用极差分析法时，仅需通过简单的数学运算就能够判断出试验因素的主次，具有简单直观、易于操作的特点，适用于试验误差不大、精度要求不高的情况。但极差分析法无法辨别因素水平变化和试验误差所引起的数据波动，也不能对因素影响的重要性作出精确的定量估计。因此，一般可采用方差分析法弥补上述不足。

4.2.2　因素水平选取

前人研究的巷道围岩温度场的正交试验设计中，主要考虑了进口风温、进口风速及风流相对湿度对调热圈参数的影响。研究结果表明，相对湿度的变化对调热圈参数基本无明显影响，因此本书选取影响因素时对其不予考虑。同时，结合温度场的单因素模拟分析，选定进口风温 T、进口风速 V、通风时间 τ、围岩导温系数 α 为影响因素，并在各影响因素下选取四水平，以调热圈半径作为目标因子，进行正交试验分析。根据单因素温度场的模拟结果可知，巷道通风时间从 180 d 增加至 1080 d 时，对调热圈半径的影响较大，但随着通风时间的加长，调热圈半径的增长速率逐渐放缓，对其的影响相对减小。因此，在保证试验结果高精度的同时，遵循尽可能减少水平数的原则，通风时间选取

180 d、360 d、720 d、1080 d 四水平。因素水平表见表 4-13。

表4-13 因素水平表

水平	因素取值			
	风流温度 T/ ℃	风流速度 V/ (m·s^{-1})	通风时间 τ/ d	导温系数 α/ (m^2·s^{-1})
1	15	3	180	$0.47×10^{-6}$
2	20	5	360	$0.71×10^{-6}$
3	25	6	720	$1.06×10^{-6}$
4	30	7	1080	$1.43×10^{-6}$

4.2.3 正交试验方案

通过上述分析，本试验采用正交表 L16，选取四因素四水平进行正交试验，且不考虑各因素间的相互影响，正交试验方案见表 4-14。

表4-14 正交试验方案

试验号	风流温度 T/ ℃	风流速度 V/ (m·s^{-1})	通风时间 τ/ d	导温系数 α/ (m^2·s^{-1})	方案组合
1	15	3	180	$0.47×10^{-6}$	$T1V1\tau1\alpha1$
2	15	5	360	$1.06×10^{-6}$	$T1V2\tau2\alpha3$
3	15	6	720	$1.43×10^{-6}$	$T1V3\tau3\alpha4$
4	15	7	1080	$0.71×10^{-6}$	$T1V4\tau4\alpha2$
5	20	3	360	$0.71×10^{-6}$	$T2V1\tau2\alpha2$
6	20	5	180	$1.43×10^{-6}$	$T2V2\tau1\alpha4$
7	20	6	1080	$1.06×10^{-6}$	$T2V3\tau4\alpha3$
8	20	7	720	$0.47×10^{-6}$	$T2V4\tau3\alpha1$
9	25	3	720	$1.06×10^{-6}$	$T3V1\tau3\alpha3$
10	25	5	1080	$0.47×10^{-6}$	$T3V2\tau4\alpha1$
11	25	6	180	$0.71×10^{-6}$	$T3V3\tau1\alpha2$

表 4-14（续）

试验号	风流温度 T/℃	风流速度 V/（m·s^{-1}）	通风时间 τ/d	导温系数 α/（m^2·s^{-1}）	方案组合
12	25	7	360	$1.43×10^{-6}$	$T3V4\tau2\alpha4$
13	30	3	1080	$1.43×10^{-6}$	$T4V1\tau4\alpha4$
14	30	5	720	$0.71×10^{-6}$	$T4V2\tau3\alpha2$
15	30	6	360	$0.47×10^{-6}$	$T4V3\tau2\alpha1$
16	30	7	180	$1.06×10^{-6}$	$T4V4\tau1\alpha3$

4.2.4　结果分析

本试验共进行 16 次，围岩调热圈温度场变化过程如图 4-14 所示。由图 4-14 可知，不同参数组合下，围岩调热圈温度场形状及分布情况类似，温度场等温线呈圆形分布，靠近壁面区域等温线密集，温度梯度较大，远离壁面区域等温线稀疏，温度梯度较小。

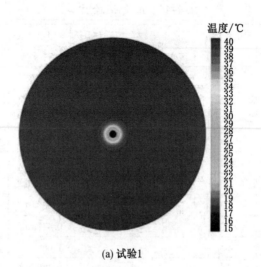

(a) 试验1

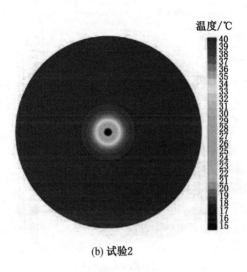

(b) 试验2

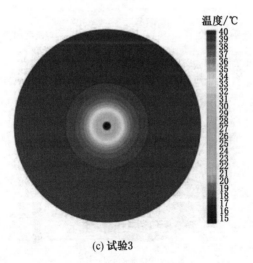

(c) 试验3

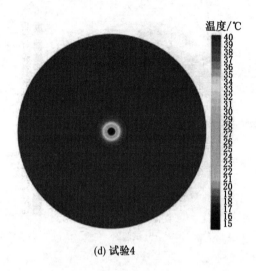

(d) 试验4

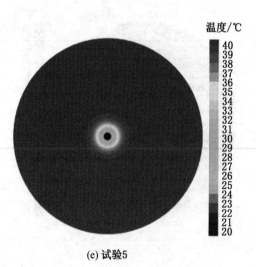

(e) 试验5

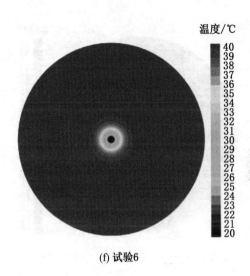

(f) 试验6

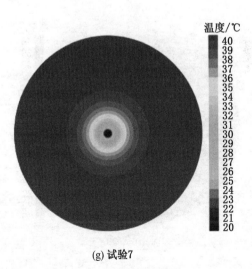

(g) 试验7

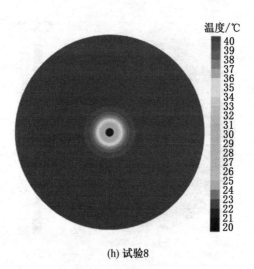

(h) 试验8

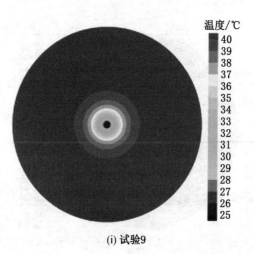

(i) 试验9

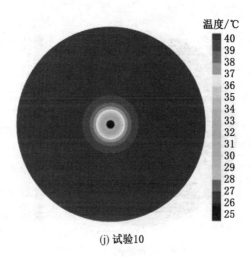

(j) 试验10

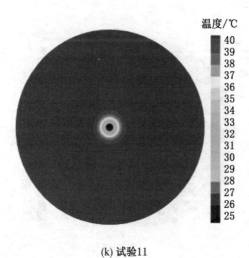

(k) 试验11

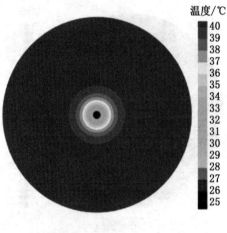

温度/℃

(l) 试验12

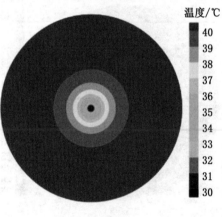

温度/℃

(m) 试验13

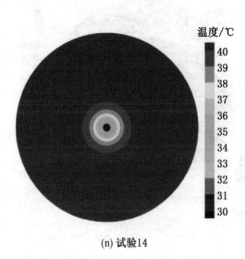

(n) 试验14

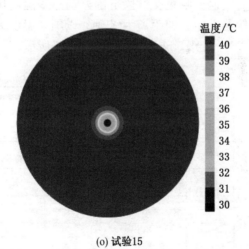

(o) 试验15

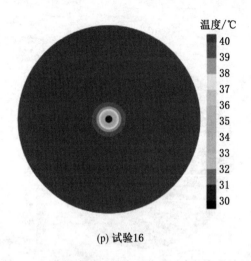

(p) 试验16

图 4-14　不同参数下围岩调热圈温度场变化过程

　　为了更直观地反映正交试验下围岩调热圈温度场的变化过程，以围岩距巷道中心的距离为 X 轴，以围岩温度为 Y 轴，采用 Origin 软件进行绘图分析，具体如图 4-15 所示。

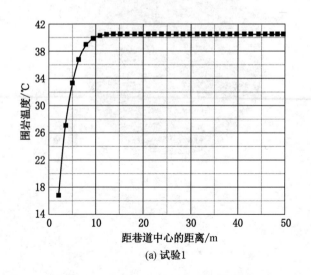

(a) 试验1

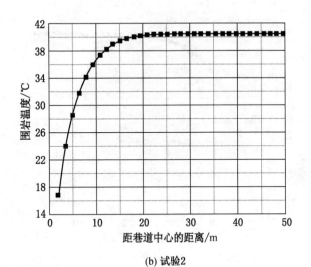

(b) 试验2

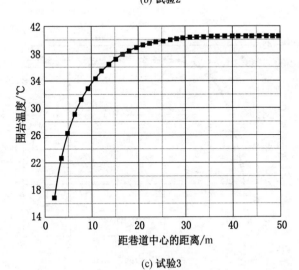

(c) 试验3

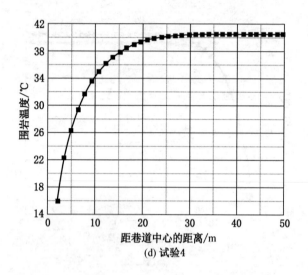

(d) 试验4

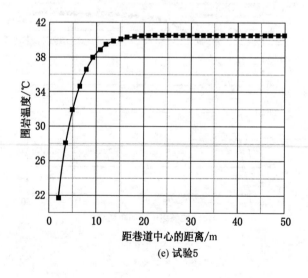

(e) 试验5

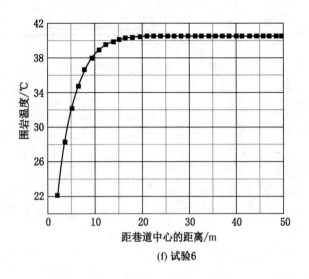

(f) 试验6

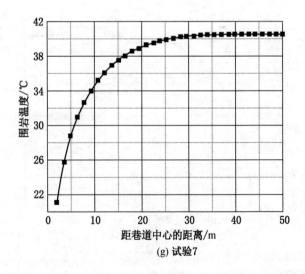

(g) 试验7

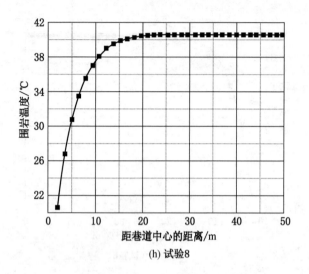

(h) 试验8

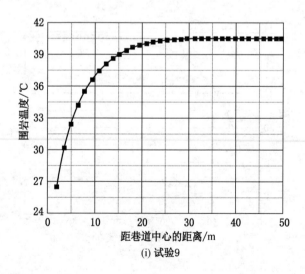

(i) 试验9

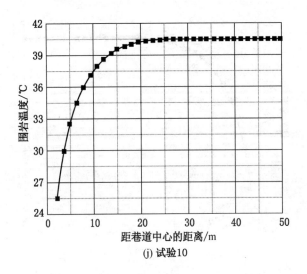

(j) 试验10

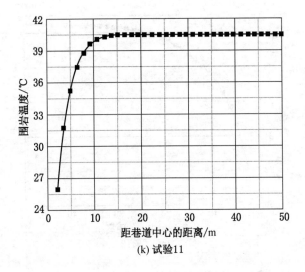

(k) 试验11

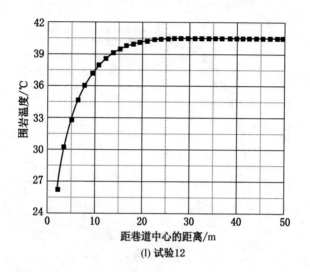

(l) 试验12

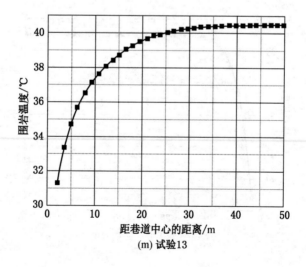

(m) 试验13

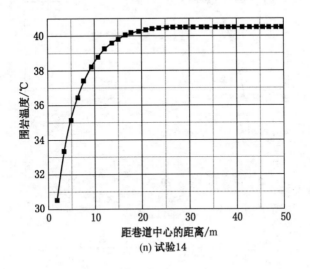

(n) 试验14

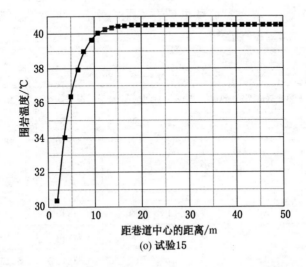

(o) 试验15

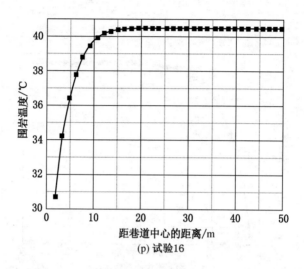

(p) 试验16

图4-15　正交试验下围岩调热圈温度场的变化过程

　　根据式（4-3）计算得出正交试验中不同参数组合下的调热圈半径大小，正交试验结果见表4-15，各组试验的围岩调热圈半径如图4-16所示。

表4-15　正交试验结果

试验号	风流温度 $T/$ ℃	风流速度 $V/$ （$m \cdot s^{-1}$）	通风时间 $\tau/$ d	导温系数 $\alpha/$ （$m^2 \cdot s^{-1}$）	调热圈半径 $R/$ m
1	15	3	180	0.47×10^{-6}	18.25
2	15	5	360	1.06×10^{-6}	29.61
3	15	6	720	1.43×10^{-6}	40.79
4	15	7	1080	0.71×10^{-6}	37.46
5	20	3	360	0.71×10^{-6}	25.11
6	20	5	180	1.43×10^{-6}	25.18
7	20	6	1080	1.06×10^{-6}	40.86

表4-15（续）

试验号	风流温度 $T/$ ℃	风流速度 $V/$ （m·s⁻¹）	通风时间 $\tau/$ d	导温系数 $\alpha/$ （m²·s⁻¹）	调热圈半径 $R/$ m
8	20	7	720	0.47×10^{-6}	27.85
9	25	3	720	1.06×10^{-6}	33.94
10	25	5	1080	0.47×10^{-6}	30.33
11	25	6	180	0.71×10^{-6}	19.41
12	25	7	360	1.43×10^{-6}	30.40
13	30	3	1080	1.43×10^{-6}	38.86
14	30	5	720	0.71×10^{-6}	28.31
15	30	6	360	0.47×10^{-6}	20.12
16	30	7	180	1.06×10^{-6}	20.77

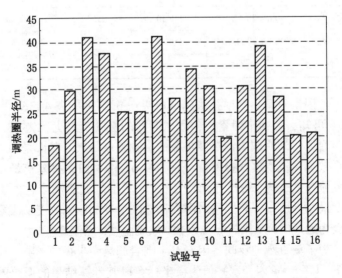

图4-16　各组试验的围岩调热圈半径

为研究不同因素对于围岩调热圈半径的影响程度，采用极差分析法，其计算公式：

$$k_{ij} = \frac{1}{s} K_{ij} \tag{4-4}$$

$$R_j = \max\{k_{ij}\} - \min\{k_{ij}\} \tag{4-5}$$

式中　　K_{ij}——第 j 列上水平号为 i 的各试验结果之和；

s——第 j 列上水平 i 出现的次数；

k_{ij}——第 j 列上水平 i 时试验结果的平均值；

R_j——因素的最好水平和最差水平的差值。

表 4-16　各因素对调热圈半径影响的极差分析

列号	风流温度 $T/$ ℃	风流速度 $V/$ $(\text{m} \cdot \text{s}^{-1})$	通风时间 $\tau/$ d	导温系数 $\alpha/$ $(\text{m}^2 \cdot \text{s}^{-1})$
k_{1j}	31. 53	29. 04	20. 90	24. 14
k_{2j}	29. 75	28. 36	26. 31	27. 57
k_{3j}	28. 52	30. 30	32. 72	31. 30
k_{4j}	27. 02	29. 12	36. 88	33. 81
极差 R	4. 51	1. 94	15. 98	9. 67

各因素对调热圈半径影响的极差分析结果见表 4-16。由表 4-16 可知，在四个因素中，通风时间的极差值最大，为 15.98，说明通风时间对围岩调热圈半径的影响程度最大。其次是围岩导温系数和风流温度，极差值分别为 9.67 和 4.51。极差值最小的是风流速度，为 1.94，说明风流速度对围岩调热圈半径的影响程度最小。所以，各因素对围岩调热圈半径的影响程度从大到小依次为通风时间>围岩导温系数>风流温度>风流速度。

为了更直观地反映各因素对于围岩调热圈半径的影响，分别以 T、V、τ、α 四个水平值为横坐标，以其计算结果的调热圈半径极差平均值为纵坐标，采用 Origin 软件绘制极差分布图来描述试验结果，如图 4-17 所示。

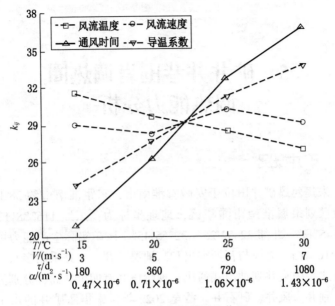

图 4-17 极差分析结果趋势图

5 矿井井巷围岩调热圈调热能力分析

5.1 矿井概况

朱集西煤矿井田位于安徽省淮南市，东距淮南市约 38 km。行政区划隶属淮南市潘集区，地理坐标为：东经 116°38′12″~116°45′43″；北纬 32°52′25″~32°55′45″。该矿实际生产能力可达 700×10^4 t/a，为煤与瓦斯突出和高地温矿井。矿井采用多水平开拓方式，中央并列抽出式通风，现阶段共有四个井筒，分别为主井、副井、风井、矸石井。截至 2022 年，朱集西矿井的水平采深已超过-962 m。勘察资料表明，矿井所处位置恒温带的深度为 30 m，恒温带温度为 16.8 ℃，平均地温梯度为 2.78 ℃/hm。受该矿井高地温的影响，-962 m 处的原始岩温已高达 42.65 ℃，导致工作面热害现象严重，工作面正常温度超过 34 ℃，相对湿度超过 90%。该矿井内多次发生作业人员呕吐、中暑晕倒等现象，为作业人员的身心健康及矿井的安全生产留下了极大隐患。

综上，为确保矿井安全生产和劳动人员的身心健康，必须采取机械制冷降温的方法对矿井高温热害进行治理。在热害治理前，首先需要根据矿井的热害特征，确定好矿井降温的系统方案。

5.2 矿井气候参数测定分析

为合理运用全风量降温系统进行矿井热害治理，需对矿井通风路线上的空气状态参数进行测定，从而在此基础上，通过计算分析，预测出地面井口处送风空气的温湿度。

5.2.1　测点布置方案

由于巷道总长度较长，考虑到沿巷道长度方向的温升对巷道得失热量的计算影响较大。因此，需对巷道进行分段计算，以便于得到各指定区域的得失热量情况。分段计算前，首先需要在热害现象严重的朱集西煤矿 11503 工作面的通风线路上布置测点，测点布置如图 5-1 所示。

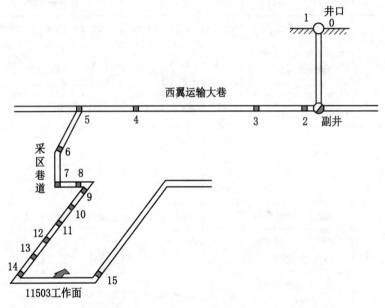

图 5-1　测点布置图

5.2.2　实测结果分析

按上述方案对朱集西煤矿 11503 工作面的通风线路上各测点的空气状态参数进行测定，得到各测点空气热力参数的实测值，见表 5-1。

为更直观地反映巷道空气的干、湿球温度沿通风路线的变化情况，根据上述实测数据，选取各测点巷道空气的干、湿球温度进行 Origin 绘图。各测点巷道空气干、湿球温度的变化情况如图 5-2 所示。

表 5-1   各测点空气热力参数的实测值

测点编号	位置	干球温度/℃	湿球温度/℃	相对湿度/%	含湿量/ (kg·kg⁻¹)	比热容/ (m³·kg⁻¹)	焓值/ (kJ·kg⁻¹)
0	副井井口房外	35	28	60	0.0191	0.8038	84.145
1	副井井口房内	32	26.6	67	0.018	0.7946	78.219
2	井底车场	38.1	30.37	58.8	0.0223	0.8159	95.55
3	西翼运输大巷（中央变电所入口）	36.6	28.08	54	0.0187	0.8075	84.939
4	西翼运输大巷（距入口 200 m）	34	28.93	70	0.0211	0.8037	88.346
5	五采区变电所处	33.1	29.57	78.3	0.0225	0.8031	90.976
6	五采区车场入口	32.1	30.39	89	0.0243	0.8026	94.387
7	五采区车场下口	30.8	29.6	92	0.0233	0.798	90.457
8	11503 工作面联络巷	30.8	29.9	94	0.0238	0.7986	91.8
9	11503 工作面运输巷（1 号空冷器前）	30.2	29.47	95	0.0232	0.7963	89.691
10	11503 工作面运输巷（1 号空冷器后）	28.4	27.56	94	0.0206	0.7884	81.187
11	11503 工作面运输巷（2 号空冷器前）	29.2	28.92	98	0.0226	0.7929	87.041
12	11503 工作面运输巷（2 号空冷器后）	29.3	28.88	97	0.0225	0.7931	86.878
13	11503 工作面顺槽	31	30.56	97	0.0249	0.8005	94.777
14	11503 工作面入口	32	30.84	92.5	0.0251	0.8034	96.444
15	11503 工作面出风口	38	38	100	0.0386	0.8363	137.468

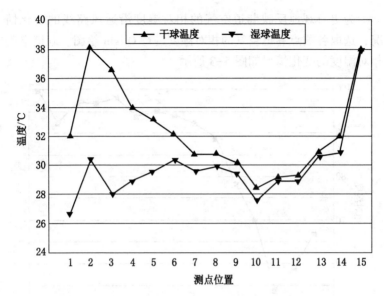

图 5-2 各测点巷道空气干、湿球温度的变化情况

由图 5-2 可知，井下干球温度基本保持在 28 ℃ 以上。在测点 1（副井井口房内）处的干球温度为 32 ℃。由于重力作用，空气绝热沿井筒向下流动时，空气被压缩，位能转换为焓，造成温度升高。到达井底车场时，巷道空气的干球温度达到峰值，为 38.1 ℃。从测点 2 至测点 10，巷道空气的干球温度不断降低，在测点 10（11503 工作面运输巷）处干球温度达到最低值 28.4 ℃。从测点 10 至测点 15，即 11503 工作面区域，由于机电设备放热、围岩放热、采空区散热、运输中煤散热以及作业人员自身散热，导致空气的干球温度逐渐升高，在测点 15（11503 工作面出风口）处达到 38 ℃。而巷道空气的湿球温度从测点 3 开始，基本保持升高的趋势，在测点 15（11503 工作面出风口）处达到峰值，为 38 ℃。同时，由于矿井不断向地下延伸，地下水的影响愈发明显，巷道空气的相对湿度不断增加，导致干球温度与湿球温度之间的差距越来越小，在测点 15（11503 工作面出风口）处基本趋于一致。

　　为更直观地反映巷道空气的相对湿度沿通风路线的变化情况，选取各测点巷道空气的相对湿度进行 Origin 绘图。巷道空气相对湿度的变化情况如图 5-3 所示。

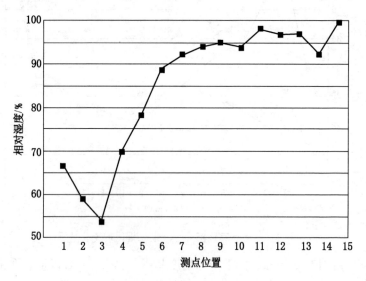

图 5-3　巷道空气相对湿度的变化情况

　　由图 5-3 可知，从测点 1 至测点 3，巷道空气的相对湿度不断降低，在测点 3 处达到最低值 54%。从测点 3 开始，巷道空气的相对湿度基本保持增加的趋势，在测点 15（11503 工作面出风口）处达到峰值，为 100%。其原因在于：一是季节的影响：夏季地面空气温度较高，进入井下后，气温逐渐降低，空气中水蒸气的饱和能力变小，一部分水蒸气会在巷道四周凝结成水珠，使巷道变得潮湿，从而造成井下空气相对湿度的增加；二是地下水的影响：随着矿井不断向地下延伸，地下含水量逐渐增大，会产生顶板淋水、巷道壁渗水及底板出水等现象，使空气的相对湿度增加。

　　为更直观地反映巷道空气的焓值沿通风路线的变化情况，选取各测点巷道空气的焓值进行 Origin 绘图。巷道空气焓值的变化情况如图5-4所示。

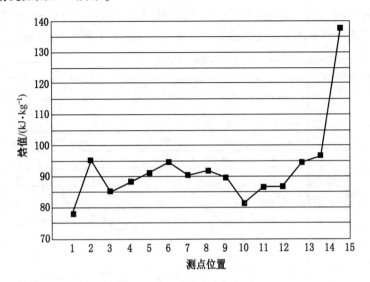

图 5-4 巷道空气焓值的变化情况

由图5-4可知，测点1至测点2，巷道空气的焓值大幅增加，其原因在于，绝热空气沿副井井筒向下流动时，地球重力作用使空气被压缩，位能转化为焓，致使井底车场的空气焓值增加。测点3至测点6，空气的焓值增幅较小，说明在运输大巷内虽然巷道风流一直沿程吸收热量，但热量增加十分有限，围岩调热圈与巷道风流间近似热平衡。测点9至测点10和测点11至测点12，由于两台空冷器的存在，风流途经前后，空气的焓值有所降低。不考虑2号空冷器的影响，从测点10至测点15，空气的焓值随通风路线不断增加，且增幅较大，说明井下热源主要集中在11503工作面区域。该区域内巷道风流一直沿通风路线吸收热量，热量增加显著，其原因在于，高温煤岩及采煤机等设备使用时会向外界散发热量。剩下部分区段中巷道空气的焓值有所下降，说明巷道围岩从空气中吸收了一部分热量，围岩调热圈起到了调节温度的作用。

　　为更直观地反映巷道空气的含湿量和比热容沿通风路线的变化情况，选取各测点巷道空气的含湿量和比热容进行 Origin 绘图。巷道空气含湿量和比热容的变化情况，如图 5-5 和图 5-6 所示。

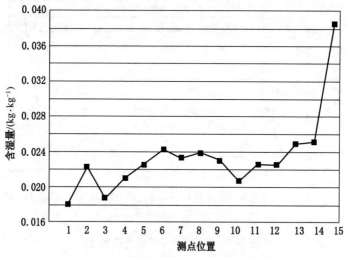

图 5-5　巷道空气含湿量的变化情况

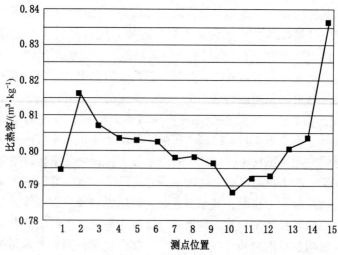

图 5-6　巷道空气比热容的变化情况

由图5-5和图5-6可知，各测点空气含湿量的变化趋势与焓值类似。而对于巷道空气的比热容而言，其基本保持先降低再增加的趋势，测点3至测点10区段，其值不断降低，在测点10处达到最小值，为0.7884 m³/kg；测点10至测点15区段，其值不断增加，测点15（11503工作面出风口）处达到峰值，为0.8363 m³/kg。

5.2.3 各区段热源分析

为分析朱集西矿井巷道的得失热量情况，以各测点实测数据为基础，利用焓差公式对其进行实际吸热、放热量的计算。焓差公式为

$$Q = M \times \Delta H = M \times (i_2 - i_1) \qquad (5-1)$$

式中　　Q——某区段风流吸热量或放热量，kW；

M——风流的质量流量，kg/s；

ΔH——巷道区段风流的焓差，kJ/kg；

i_2——巷道区段出口风流的焓值，kJ/kg；

i_1——巷道区段进口风流的焓值，kJ/kg。

考虑到沿巷道长度方向温升的影响，因此将巷道按测点顺序进行分段计算，即将11503工作面的通风路线分为4个区域：副井区域、西翼运输大巷区域、五采区巷道区域和11503工作面巷道区域。利用式（5-1）对4个区域内14个区段进行实际吸热、放热量的计算。

1. 副井区域热量计算

第一区段：测点1至测点2，即副井口内至井底车场。副井井筒的风量为10530 m³/min，空气密度为1.22 kg/m³，经计算可得，$Q_1 = M_1 \times \Delta H_1 = 175 \times 1.22 \times (95.55 - 78.219) = 3700.17$ kW。该区段井巷调热圈为放热，其原因在于，在长达962 m的井筒中，空气被加湿压缩，围岩与风流间进行了十分复杂的热湿交换，高温围岩不断向风流传热，相较于副井口处，井底车场的空气焓值上升了17.331 kJ/kg。

2. 西翼运输大巷区域

第二区段：测点 2 至测点 3，即井底车场至西翼运输大巷（中央变电所入口）。运输大巷的风量为 6000 m^3/min，空气密度为 1.22 kg/m^3，经计算可得，$Q_2 = M_2 \times \Delta H_2 = 100 \times 1.22 \times (84.939 - 95.55) = -1294.54$ kW。该区段井巷调热圈为吸热，其原因在于，空气经过井筒的加热，此时温度较高，且高于巷道壁面温度，导致热流从空气中流向巷道壁面。

第三区段：测点 3 至测点 4，即西翼运输大巷（中央变电所入口）至距西翼运输大巷入口 200 m 处。经计算可得，$Q_3 = M_3 \times \Delta H_3 = 100 \times 1.22 \times (88.346 - 84.939) = 415.65$ kW。该区段井巷调热圈为放热，其原因在于，经过井巷调热圈一段时间的吸热，风流温度有所降低，低于壁面温度，导致热流开始从壁面流向巷道空气中。

第四区段：测点 4 至测点 5，即距西翼运输大巷入口 200 m 处至五采区变电所处。经计算可得，$Q_4 = M_4 \times \Delta H_4 = 100 \times 1.22 \times (90.976 - 88.346) = 320.86$ kW。该区段井巷调热圈为放热，其原因在于，此时巷道壁面温度高于风流温度，导致热流开始从壁面流向巷道空气。

综上可知，在第二区段，井巷调热圈为吸热，而在运输大巷区域的其余巷道区段，风流一直沿程吸收热量，但热量增加十分有限，井巷调热圈与巷道风流间近似热平衡。因此，在西翼运输大巷区域，井巷调热圈起到了调节作用。

3. 五采区巷道区域

第五区段：测点 5 至测点 6，即五采区变电所处至五采区车场入口。五采区巷道的风量为 3600 m^3/min，空气密度为 1.22 kg/m^3，经计算可得，$Q_5 = M_5 \times \Delta H_5 = 60 \times 1.22 \times (94.387 - 90.976) = 249.69$ kW。该区段井巷调热圈为放热，其原因在于，进入五采区后，巷道壁面温度高于风流温度，导致热流从壁面流向巷道空气中。

第六区段：测点 6 至测点 7，即五采区车场入口至五采区车场下口。经计算可得，$Q_6 = M_6 \times \Delta H_6 = 60 \times 1.22 \times (90.457 -$

94.387) = −287.68 kW。根据计算结果可知，该区段井巷调热圈为吸热，其原因在于，采区内机电设备的放热及矿工自身散热使风流温度上升，风流温度高于巷道壁面温度，导致热流从巷道空气中流向巷道壁面。

第七区段：测点 7 至测点 8，即五采区车场下口至 11503 工作面联络巷末端。经计算可得，$Q_7 = M_7 \times \Delta H_7 = 60 \times 1.22 \times (91.8 - 90.457) = 98.31$ kW。该区段井巷调热圈为放热，其原因在于，经过一段井巷调热圈的吸热，风流中热量流失，温度降低，且低于巷道壁面温度，导致热流从壁面流向巷道空气中。

第八区段：测点 8 至测点 9，即 11503 工作面联络巷至 11503 工作面运输巷（1 号空冷器前）。经计算可得，$Q_8 = M_8 \times \Delta H_8 = 60 \times 1.22 \times (89.691 - 91.8) = -154.38$ kW。该区段井巷调热圈为吸热，其原因在于，采区内机电设备的放热、矿工自身散热及高温围岩的散热使风流温度上升，且高于巷道壁面温度，导致热流从巷道空气流向壁面。

综上可知，在五采区第六区段及第八区段，井巷调热圈为吸热，而五采区其余巷道区段，井巷调热圈为放热。因此，在五采区巷道区域，井巷调热圈起到了调节作用。

4. 11503 工作面巷道区域

第九区段：测点 9 至测点 10，即 11503 工作面运输巷（1 号空冷器前）至 11503 工作面运输巷（1 号空冷器后）。11503 工作面巷道的风量为 1500 m³/min，空气密度为 1.22 kg/m³，经计算可得，$Q_9 = M_9 \times \Delta H_9 = 25 \times 1.22 \times (81.187 - 89.691) = -259.37$ kW。该区段井巷调热圈为吸热，其原因在于，进入 11503 工作面区域后，壁面温度高于风流温度，但由于工作面运输巷测点 9 处布置了一台空冷器，部分未经处理的风流与经空冷器处理的风流相混合，使空气焓值有所降低。

第十区段：测点 10 至测点 11，即 11503 工作面运输巷（1 号空冷器后）至 11503 工作面运输巷（2 号空冷器前）。经计算可得，$Q_{10} = M_{10} \times \Delta H_{10} = 25 \times 1.22 \times (87.041 - 81.187) = 178.55$ kW。

根据计算结果可知，该区段井巷调热圈为放热，其原因在于，经过 1 号空冷器降温后，运输巷风流温度降低，巷道壁面温度高于风流温度，导致热流开始从壁面流向巷道空气中。

第十一区段：测点 11 至测点 12，即 11503 工作面运输巷（2 号空冷器前）至 11503 工作面运输巷（2 号空冷器后）。经计算可得，$Q_{11} = M_{11} \times \Delta H_{11} = 25 \times 1.22 \times (86.878 - 87.041) = -4.9715 \text{ kW}$。该区段井巷调热圈为吸热，其原因在于，空冷器风机运行的放热使风流温度上升，且高于巷道壁面温度，导致热流从空气流向巷道壁面。

第十二区段：测点 12 至测点 13，即 11503 工作面运输巷（2 号空冷器后）至 11503 工作面顺槽。经计算可得，$Q_{12} = M_{12} \times \Delta H_{12} = 25 \times 1.22 \times (94.777 - 86.878) = 240.92 \text{ kW}$。该区段井巷调热圈为放热，其原因在于，经过 2 号空冷器降温后，风流温度降低，壁面温度高于风流温度，导致热流从壁面流向巷道空气中。

第十三区段：测点 13 至测点 14，即 11503 工作面顺槽至 11503 工作面入口处。经计算可得，$Q_{13} = M_{13} \times \Delta H_{13} = 25 \times 1.22 \times (96.444 - 94.777) = 50.84 \text{ kW}$。根据计算结果可知，该区段井巷调热圈为放热，其原因在于，壁面温度高于风流温度，导致热流从壁面流向巷道空气中。

第十四区段：测点 14 至测点 15，即 11503 工作面入口处至 11503 工作面出风口处。经计算可得，$Q_{14} = M_{14} \times \Delta H_{14} = 25 \times 1.22 \times (137.468 - 96.444) = 1251.232 \text{ kW}$。根据计算结果可知，该区段井巷调热圈为放热，其原因在于，新暴露的煤岩温度较高，且高于风流温度，且会向巷道风流不断释放热量。

综上可知，在 11503 工作面区域，各巷道区段的壁面温度均高于风流温度，故井巷调热圈均为放热。

6 矿井热害治理技术与方法

6.1 矿井热害治理技术

目前矿井热害治理措施分为非制冷空调降温措施和机械制冷降温措施。非制冷空调降温措施是通过改变通风系统，增加采掘地点的供风量和提高作业点局部风速达到降温的目标。理论研究和生产实践表明：改善通风系统增加风量是热害治理中比较经济有效的手段，但增加风量受到矿井通风能力、最高风速等经济技术条件的限制，无法满足深部高温矿井热害治理的需要。机械制冷降温措施是通过机械制冷设备制备冷媒，再通过冷媒冷却空气的方法来实现作业点降温目标。根据目前国内外矿井热害治理经验，有效的治理方式是采用机械制冷空调进行采掘工作面降温。集中空调系统根据制冷站的安装位置、冷却矿内风流的位置、载冷剂的循环方式等可分为地面集中式降温系统、井下集中式降温系统、井下局部式降温系统和全风量降温系统。

6.1.1 地面集中式降温系统

地面集中式降温系统是将制冷机组及附属设备布置于地面空调机房。载冷剂（冷水或盐水）通过保温管道被送到井下采掘工作面内的空冷器，由空冷器冷却进入作业地点的风流，达到改善采掘工作面热环境的目的。由于从地面到井下高差大，载冷剂输送管道中的静压很大，所以必须在井下增设一个中间换热装置（高低压换热器）。其中，高压侧的载冷剂循环管道承压大，易被腐蚀损坏，冷损较大。地面集中式降温系统如图6-1所示。

6.1.2 井下集中式降温系统

该系统主要制冷设备布置在井下井底车场制冷硐室内，由制冷设备制备冷冻水通过保温管道输送到设置在采掘工作面的空冷

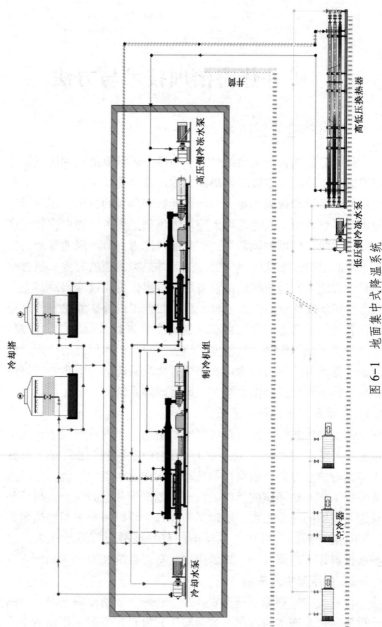

图 6-1　地面集中式降温系统

器，有空冷器对作业地点的通风进行热湿处理，达到改善作业地点热环境的目的。该系统制冷设备设置在井下，需要在地面设置冷凝热的排放系统，制冷机组的冷凝器需要承受高压。由于主要设备布置在井下制冷硐室，需要在井下开凿大断面硐室，施工和维护难度较大。此外，所有电机和控制设备都需防爆，造价高。井下集中式降温系统如图 6-2 所示。

6.1.3　井下局部式降温系统

该系统的制冷机可移动，仅供 1 个局部高温场所使用，蒸发器即相当于空冷器。此系统冷量传输距离小，冷损小，初期投资少，移动灵活，系统比较简单，但冷凝热排放困难，故仅适用于小范围的煤矿降温。井下局部式降温系统如图 6-3 所示。

6.1.4　矿井全风量降温系统

矿井全风量降温技术是通过安设在地面的制冷机组制备出低温冷冻水，利用保温管道将其输送到主井、副井和矸石井口的空气换热站，将空气处理到指定的空气状态后再送入矿井，利用沿途的围岩调热圈，对空气温湿度进行进一步调节，来确保到达采掘工作面空气的温湿度满足规范要求，最终达到热害治理的目的。该系统具有工程投资小、系统能效高、维护管理方便、节能环保等优点。矿井全风量降温系统如图 6-4 所示。

6.2　矿井热害治理方法

6.2.1　矿井热害特征

受原岩温度、其他热源和季节性地面气候的共同作用，矿井热害主要呈现如下特征。

（1）对于原岩温度在 28~35 ℃的矿井，夏季井巷围岩调热圈对风温的调节作用减弱，表现为季节性热害。因此，在夏季时需要进行降温，如兖州煤田的兴隆庄煤矿、鲍店煤矿、东滩煤矿，此类矿井称之为"季节性热害矿井"。

（2）对于原岩温度在 35~42 ℃的矿井，夏季围岩调热圈对风温的调节作用明显减弱，热害较为严重，表现为除冬季外均需

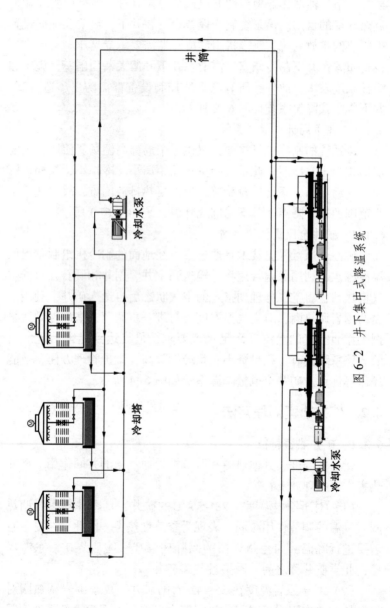

图 6-2 井下集中式降温系统

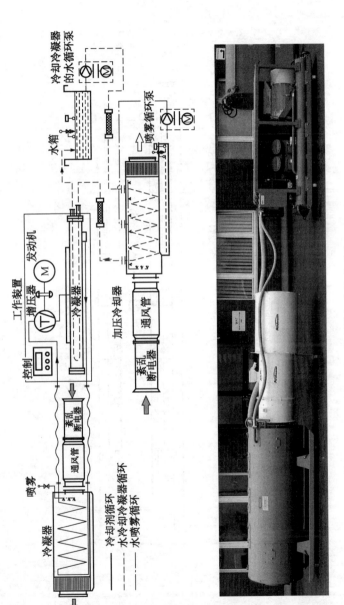

图 6-3 井下局部式降温系统

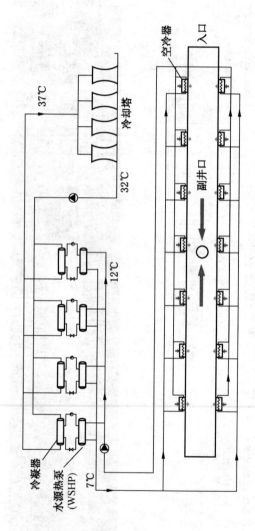

图 6-4　矿井全风量降温系统

降温，夏季热害严重，如济宁煤田的济宁二号煤矿、济宁三号煤矿，此类矿井称之为"热害较严重矿井"。

（3）对于原岩温度大于 42 ℃的矿井，井下热害严重，一年四季均需要降温，特别在夏季时热害更加严重，井下所有地点温度均严重超标，如巨野煤田的赵楼煤矿、万福煤矿、龙固煤矿，此类矿井称之为"热害严重矿井"。

6.2.2　矿井热害治理方法

根据不同矿井的热害特征，本书提出了矿井热害治理方法，即对于"季节性热害矿井"可采用"全风量降温技术"治理矿井热害；对于"热害较严重矿井"可采用"全风量降温系统"+"井下局部式降温系统"治理矿井热害；对于"热害严重矿井"可采用"全风量降温系统"+"地面或井下集中式降温系统"治理矿井热害。实践证明，上述方法应用于工程均取得了良好的效果、显著经济环境和社会效益。

7 矿井全风量降温冷负荷
预 测 方 法

7.1 预测方法

矿井井口入风空气温湿度的预测采用逆向焓差法进行计算，该计算方法具体为：已知降温前某单元区段的起点空气状态参数（干球温度 t_1、相对湿度 φ_1、焓值 i_1）、终点空气状态参数（干球温度 t_2、相对湿度 φ_2、焓值 i_2）和降温后终点空气状态参数（干球温度 t_2'、相对湿度 φ_2'、焓值 i_2'）；假设区段巷道的散热量恒定，降温前后不发生变化，则可得出该区段降温后起点处的焓值 i_1'，再根据焓湿图，进一步确定出起点的干球温度 t_1'、相对湿度 φ_1'。

采取降温措施前空气得失热量为

$$Q = M \times (i_2 - i_1) \qquad (7-1)$$

式中 M——巷道风流的质量流量，kg/s；

    i_1、i_2——采取降温措施前单元区段起点、终点处风流焓值，kJ/kg。

采取降温措施后空气得失热量为

$$Q' = M' \times (i_2' - i_1') \qquad (7-2)$$

式中 M'——巷道风流的质量流量，kg/s；

    i_1'、i_2'——采取降温措施后单元区段起点、终点处风流焓值，kJ/kg。

假设区段巷道的散热量恒定，降温前后不发生变化，则：

$$M \times (i_2 - i_1) = M' \times (i_2' - i_1') \qquad (7-3)$$

由于通风量不变，则可进一步变换成：

$$i'_1 = i'_2 - (i_2 - i_1) \tag{7-4}$$

根据计算的风流焓值，通过查焓湿图确定起点的空气状态参数：干球温度 t'_1、相对湿度 φ'_1、含湿量 d'_1。

7.2 案例分析

根据上述计算方法，以朱集西矿井的 11503 工作面通风路线上各测点的气候参数为基础数据，从 11503 工作面单元区段往副井口单元区段进行逆向计算，则可得到采取降温措施后各测点的空气状态参数。具体参数见表 7-1。

表 7-1 采取降温措施后各测点的空气参数

测点编号	位置	干球温度/℃	湿球温度/℃	相对湿度/%	含湿量/(kg·kg^{-1})	比热容/(m^3·kg^{-1})	焓值/(kJ·kg^{-1})
1	副井井口房内	20	18.57	87	0.0114	0.7554	48.945
2	井底车场	26	23.7	83.19	0.0157	0.7762	66.234
3	西翼运输大巷（中央变电所入口）	24.5	20.55	70.77	0.0112	0.768	55.623
4	西翼运输大巷（距入口 200m）	25	21.59	74.9	0.0133	0.7707	59
5	五采区变电所处	25.5	22.38	77.21	0.0141	0.773	61.66
6	五采区车场入口	26	23.35	80.69	0.0152	0.7756	65
7	五采区车场下口	25	22.26	79.53	0.0141	0.7717	61.141
8	11503 工作面联络巷	25.5	22.63	78.94	0.0145	0.7734	62.484
9	11503 工作面运输巷（1 号空冷器前）	25	22.02	77.88	0.0138	0.7713	60.375
10	11503 工作面运输巷（1 号空冷器后）	23	19.39	72.02	0.0113	0.7631	51.871
11	11503 工作面运输巷（2 号空冷器前）	24.5	21.22	75.47	0.0130	0.7690	57.725

表 7-1（续）

测点编号	位置	干球温度/℃	湿球温度/℃	相对湿度/%	含湿量/(kg·kg⁻¹)	比热容/(m³·kg⁻¹)	焓值/(kJ·kg⁻¹)
12	11503 工作面运输巷（2 号空冷器后）	25	21.14	71.78	0.0127	0.77	57.562
13	11503 工作面顺槽	25.5	23.51	85.16	0.0156	0.7748	65.461
14	11503 工作面入口	26	24	85	0.0161	0.7766	67.128

由表 7-1 所示的预测结果可知，为使矿井采用降温措施后，11503 工作面入口风流的温湿度满足 $T = 26$ ℃，$\varphi = 85\%$，则矿井地面井口进风的温湿度需满足 $T = 20$ ℃，$\varphi = 87\%$。

为更直观地对比降温前后的干球温度和湿球温度，选取各测点巷道空气的干球温度、湿球温度，采用 Origin 软件进行绘图分析。降温前后各测点巷道空气干球温度、湿球温度和相对湿度变化曲线如图 7-1 和图 7-2 所示。

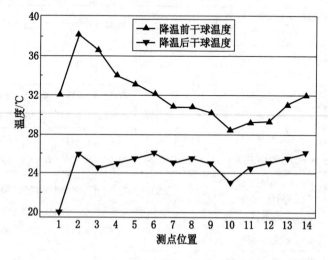

图 7-1　降温前后巷道空气干球温度变化曲线

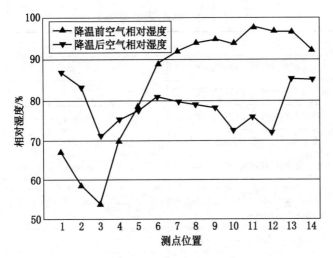

图 7-2　降温前后巷道空气相对湿度变化曲线

由图 7-1 和图 7-2 可知，降温后，巷道空气的干球温度下降明显，11503 工作面区域的降温幅度大致为 5~6 ℃，工作面进口风温保持在 26 ℃以下，满足《煤炭安全规程》。此外，降温后 11503 工作面区域空气相对湿度的降幅大致为 17%左右。说明矿井采取降温措施后，有效缓解了高温高湿的热害问题。

7.3　冷负荷预测

根据朱集西矿井的实际热害情况，结合风温预测结果，采用矿井全风量集中降温系统作为矿井深部降温方案，并根据所测定的矿井热环境参数，计算矿井降温所需的冷负荷。

7.3.1　室外计算参数

朱集西煤矿位于淮南市潘集区，距离寿县较近，室外计算参数参照寿县站气象参数，具体见表 7-2。

7.3.2　冷负荷计算

根据风温预测结果可知，若要达到《煤矿安全规程》中进口风温的要求，即 11503 工作面的进口风温不超过 26 ℃，则朱集西煤矿地面井口的进风温度须为 20 ℃。因此，地面井口进风

表7-2 室外计算参数

类 别	参 数
冬季采暖室外计算干球温度/℃	-2.6
冬季空调室外计算干球温度/℃	-5.5
夏季空调室外计算干球温度/℃	34.8
夏季通风计算相对湿度/%	60
极端最高温度/℃	40.9
极端最低温度/℃	-8
冬季室外平均风速/(m·s⁻¹)	2.5
夏季室外平均风速/(m·s⁻¹)	2.6
冬季主导风向	N
夏季主导风向	S
冬季采暖天数/d	94

空气的设计参数为 $T = 20\ ℃$, $\varphi = 87\%$。再结合室外空气设计参数,即可计算出矿井降温所需总负荷。具体参数见表7-3。

表7-3 井口进风及室外空气状态参数

参数	室外空气设计参数	井口进风空气设计参数
干球温度/℃	34.8	20
湿球湿度/℃	27.76	18.57
相对湿度/%	60	87
焓值/(kJ·kg⁻¹)	89.522	52.555
含湿量/(g·kg⁻¹)	21.3	12.8
密度/(kg·m⁻³)	1.1051	1.1763
地面大气压力/kPa	101.029	

　　根据现场实测, 朱集西矿井总进风量为 22726 m³/min, 其中副井进风量为 10530 m³/min, 主井进风量为 6936 m³/min, 矸石井进风量为 5260 m³/min。矿井降温所需总冷负荷 Q_z 为 15972 kW, 计算公式如下:

$$Q_z = G(i_2 - i_1) = \frac{22726}{60} \times \frac{1.1051 + 1.1763}{2} \times (89.522 - 52.555)$$
$$= 15972 \text{ kW}$$

　　其中, 副井所需冷负荷 Q_l 为 7400 kW:

$$Q_l = G(i_2 - i_1) = \frac{10530}{60} \times \frac{1.1051 + 1.1763}{2} \times (89.522 - 52.555)$$
$$= 7400 \text{ kW}$$

　　主井所需冷负荷为 4875 kW:

$$Q_m = G(i_2 - i_1) = \frac{6936}{60} \times \frac{1.1051 + 1.1763}{2} \times (89.522 - 52.555)$$
$$= 4875 \text{ kW}$$

　　矸石井所需冷负荷为 3697 kW:

$$Q_n = G(i_2 - i_1) = \frac{5260}{60} \times \frac{1.1051 + 1.1763}{2} \times (89.522 - 52.555)$$
$$= 3697 \text{ kW}$$

8 大风量无动力空气换热器的研发

8.1 换热器选型

由于矿井总进风量大，有的矿井进风量高达 20000 m³/min，需要专门研究适用于矿井大风量空气的热、湿处理设备。因此，首先应选择空气处理设备类型，并进行热工计算，确定夏季地面空气的初始状态和经处理后的送风状态，应用焓湿图确定空气处理的途径和技术。

8.1.1 喷水室

喷水室是一种多功能的空气调节设备，可以对空气进行加热、冷却、加湿及减湿等多种处理。喷水室由喷嘴、喷水管路、挡水板、集水池和外壳等组成。空气进入喷水室内，喷嘴向空气喷淋大量的雾状水滴，空气与水滴接触，两者产生热、湿交换，达到所要求的温、湿度。喷水室具体构造如图 8-1 所示。

喷水室的优点如下：

（1）易于加工，很少耗用金属。

（2）具有一定的空气净化能力。

（3）冬夏共用。

（4）造价相对较低。

喷水室的缺点如下：

（1）耗水量太大。由于其为开式系统，水的损耗大，特别是在北方缺水地区，一般不推荐使用。

（2）占地面积较大。与紧凑的表面式换热器相比，其占地面积明显偏大。

（3）水系统复杂，需单独配置水泵。

（4）容易产生水污染。

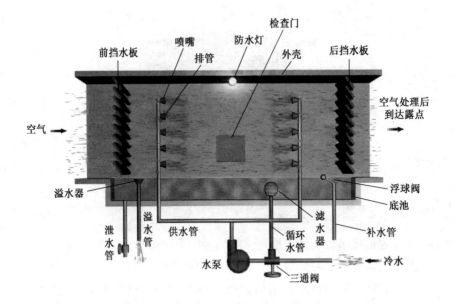

图 8-1　喷水室构造

（5）在冬季使用时，热水和空气直接接触并进行热交换，会产生大量的雾气，直接影响矿井的人员和物资的通行安全。因此不建议采用喷水室空气调节方案。

8.1.2　表面式换热器

表面式换热器（图 8-2）是空气通过金属表面与管内冷热介质发生热交换。常用的表面式换热器有空气加热器和表面冷却器。与喷水室相比，表面式换热器具有结构紧凑，水系统简单，水与空气不直接接触，对水质无卫生要求，选择方便，安装简单等优点。但金属材料耗量多，只能对空气进行加热、等湿冷却和减湿冷却，不过对空气的净化作用差。

喷水室和表面换热器各有其优缺点，考虑冬夏两用，应用喷水室对矿井空气进行冷却或加热处理，冬季热水和空气直接接触并进行热交换时，会产生大量的雾气，直接影响矿井的人员和物资的通行安全。另外，空气在喷水室中流动时产生的阻力较大，

图 8-2   表面式换热器

需要安设风机作为动力设备，这一方面会产生很大噪声，另一方面风机需要具有防爆功能，因此投资和运行费用大。

表面式换热器具有结构紧凑、系统简单、空气阻力小的特点，可以采用与井口构筑物进行一体化设计，其动力源可以采用矿井通风机在井口形成的负压，不用电力驱动，满足矿井井口防爆要求，而且无运行，成本低。降温系统充分利用矿井通风系统能量，提高系统能效，节能效果明显。

综上所述，井口房的空气处理设备采用表面式换热器。

8.2   表面式换热器热工计算

表面式换热器属于典型的间壁式热质交换设备的一种，目前主要使用对数平均温差法和效能-传热单元数法进行表面式换热器的热工计算。

8.2.1   换热原理

用表面式换热器处理空气时，与空气进行热质交换的介质不和空气直接接触，热质交换是通过表面式换热器管道的金属壁面来进行的。对于空气调节系统中常用的水冷式表面式换热器，空气与水的流动方式主要为逆交叉流，而当冷却器的排数达到 4 排以上时，又可将逆交叉流看成完全逆流。

当表面式换热器表面温度低于被处理空气的干球温度，但尚高于其露点温度时，则空气只被冷却并不产生凝结水。这种过程称为等湿冷却过程或干冷过程（干工况）。当表面式换热器的表面温度低于空气的露点温度，则空气不但被冷却，而且空气中所含的水蒸气也将部分凝结出来，并在表面式换热器的肋片管表面上形成水膜。这种过程称为减湿冷却过程或湿冷过程（湿工况）。在这个过程中，在水膜周围将形成一个饱和空气边界层，被处理空气与表冷器之间不但发生显热交换，而且也发生质交换和由此引起的潜热交换。

在减湿冷却过程中，紧靠表面式换热器表面形成的水膜为湿空气的边界层，这时可认为与水膜相邻的饱和空气层的温度与表面式换热器表面上的水膜温度近似相等。因此，空气的主体部分与冷却器表面的热交换是由于空气的主流与凝结水膜之间的温差而产生的，质交换则是由于空气主流与凝结水膜相邻的饱和空气层中的水蒸气分压力差（即含湿量差）而引起的。国内外大量的研究资料表明，在空气调节工程应用的表冷器中，热质交换规律符合刘易斯关系式。推动总热交换的动力是焓差，而不是温差。

8.2.2 传热系数

影响表面式换热器处理空气效果的因素有许多，当表面式换热器的传热面积和交换介质间的温差一定时，其热交换能力可归结于其传热系数的大小。传热系数是衡量表冷器热工性能的主要指标，其公式为

$$k = \cfrac{1}{\cfrac{1}{\alpha_w \eta \xi} + \cfrac{\beta \delta}{\lambda} + \cfrac{\beta}{\alpha_n}} \qquad (8-1)$$

式中　　　　k——表面式换热器的传热系数，$W/(m^2 \cdot \text{℃})$；

　　α_n、α_w——内表面的换热系数、外表面的换热系数，$W/(m^2 \cdot \text{℃})$；

　　　　δ——管壁厚度，m；

λ——管壁的导热系数，$W/(m \cdot ℃)$；

η——肋表面全效率；

ξ——析湿系数，析湿系数的大小直接反映在空气冷凝水过程中，空气冷凝水析出的程度，也反映了由于湿交换存在使得传热量增大的程度。

因此，对于既定结构的表面式换热器，影响其传热系数的主要因素为其内、外表面的换热系数和析湿系数。

表面式换热器外表面的换热系数与空气的迎面风速 v_a 或质量流速有关。当以水为传热介质时，内表面换热系数与水的流速 v_w 有关，析湿系数与被处理空气的（初）状态和管内水温有关。因此在实际工作中，对于已定结构的表面式换热器，通常通过实验测定，表面式换热器的传热系数实验公式为：

$$k = \left[\frac{1}{A v_a^m \zeta^p} + \frac{1}{B v_w^n} \right]^{-1} \qquad (8-2)$$

式中　　　v_a——被处理空气通过表面式换热器时的迎面风速，m/s；

v_w——水在表面式换热器管内的流速，m/s；

A、B——由实验得出的系数，无因次；

m、p、n——由实验得出的指数，无因次。

8.2.3　热交换效率与接触系数

1. 热交换效率

热交换效率为

$$\varepsilon_1 = \frac{t_1 - t_2}{t_1 - t_{w1}} \qquad (8-3)$$

式中　　t_1——处理前空气的干球温度，$℃$；

t_2——处理后空气的干球温度，$℃$；

t_{w1}——冷水初温，$℃$。

热交换效率实质上是换热器的实际换热量与最大可能换热量的比值。根据传热原理，当水与空气和流动为逆流时，热交换效

率可以表示为

$$\varepsilon_1 = \frac{1 - e^{-\beta(1-\gamma)}}{1 - \gamma e^{-\beta(1-\gamma)}} \tag{8-4}$$

$$\beta = \frac{kF}{\xi G c_p}$$

$$\gamma = \frac{\xi G c_p}{Wc}$$

式中　β——传热单元系数；

　　　k——表面式换热器的传热系数，$W/(m^2 \cdot \mathcal{C})$；

　　　F——表面式换热器的传热面积，m^2；

　　　G——空气的质量流量，kg/s；

　　　c_p——空气的定压比热，$kJ/(kg \cdot \mathcal{C})$；

　　　W——水的质量流量，kg/s；

　　　C——水的定压比热，$kJ/(kg \cdot \mathcal{C})$；

　　　γ——两流体的水当量比。

2. 接触系数

接触系数的定义式为

$$\varepsilon_2 = \frac{t_1 - t_2}{t_1 - t_3} \tag{8-5}$$

式中　t_3——表面式换热器在理想条件下（空气与水接触时间充分长）空气的饱和状态温度，$\mathcal{C}$。

根据定义

$$\varepsilon_2 = \frac{t_1 - t_2}{t_1 - t_3} = 1 - \frac{t_2 - t_3}{t_1 - t_3} \tag{8-6}$$

其理论公式可写成

$$\varepsilon_2 = 1 - \exp\left(-\frac{\alpha_w a N}{v_a \rho c_p}\right) \tag{8-7}$$

$$a = \frac{F}{NF_a}$$

式中　α_w——表面式换热器外表面的换热系数，$W/(m^2 \cdot \mathcal{C})$；

  a——表面式换热器的肋通系数；

  ρ——空气的密度，kg/m^3；

  c_p——空气的定压比热，$kJ/(kg \cdot ℃)$；

  v_a——风速，m/s；

  F——表面式换热器的传热面积，m^2；

  F_a——表面式换热器的迎风面积，m^2；

  N——表面式换热器的排管数。

  接触系数主要取决于其结构形式和空气流速。接触系数随表面式换热器排管数的增加而变大，并随空气流速的增加而变小。表面式换热器的接触系数通常通过实测确定。

  虽然增加排数和降低迎面风速都能增加表冷器的接触系数，但是排数的增加也将使空气阻力增加；而排数过多时，后面几排还会因为冷水与空气之间温差过小而减弱传热作用，所以排数也不宜过多，一般多用 4~8 排。此外，迎面风速过低会引起冷却器尺寸和初投资的增加，迎面风速过高除了会降低接触系数外，也将增加空气阻力，并且可能由空气把冷凝水带入送风系统而影响送风参数，比较合适的空气迎面风速是 2~3 m/s。

  3. 表面式换热器的设计计算

  用表面式换热器处理空气，依据计算的目的不同，可分为设计计算和校核计算两种类型。设计性计算多用于选择表面式换热器，以满足已知初、终参数的空气处理要求。校核性计算多用于检查已确定了型号的表面式换热器，将具有一定初参数的空气能处理到什么样的终参数。每种计算类型按已知条件和计算内容又可分为数种。

8.3　表面式换热器设计计算

8.3.1　主要目的

  进行表面式换热器设计计算的主要目的是要使所选择的表面式换热器能满足下列要求：

  （1）该表面式换热器能达到的 ε_1 应该等于空气处理过程需

要的 ε_1。

（2）该表面式换热器能达到的 ε_2 应该等于空气处理过程需要的 ε_2。

（3）该表面式换热器能吸收的热量应该等于空气放出的热量。

上面三个条件可以用下面三个方程式来表示

$$\varepsilon_1 = \frac{t_1 - t_2}{t_1 - t_{w1}} = \frac{1 - e^{-\beta(1-\gamma)}}{1 - \gamma e^{-\beta(1-\gamma)}} = f(v_a, v_w, \xi)$$

$$\varepsilon_2 = 1 - \exp\left(-\frac{\alpha_w aN}{v_a \rho c_p}\right) = f(v_a, N)$$

$$Q = G(i_1 - i_2) = Wc(t_{w2} - t_{w1})$$

在进行设计计算时，一般是先根据给定的空气初、终参数计算需要的 ε_2，根据 ε_2 再确定冷却器的型号、台数与排数，然后就可以求出该冷却器能够达到的 ε_1。有了 ε_1 之后确定冷水初温 t_{w1}：

$$t_{w1} = t_1 - \frac{t_1 - t_2}{\varepsilon_1}$$

如果在已知条件中给定了冷水初温 t_{w1}，则说明空气处理过程需要的 ε_1 已定，设计计算的目的就在于通过调整水流速 v_w（改变水量 W）或者调整迎面风速 v_a 和排数 N（改变传热系数 K 和传热面积 A）等办法，使所选择的冷却器能够达到空气处理过程需要的 ε_1。

（4）关于安全系数的考虑。

表面式换热器经过长时间使用后，因外表面积灰，内表面结垢等因素影响，其传热系数会有些降低。为了保证在这种情况下表冷器的使用仍然安全可靠，在选择计算时应考虑一定的安全系数，具体地说可以加大传热面积。

增加传热面积的做法有两种：一是在保证迎面风速 v_a 情况下增加排数，二是减少水流速 v_w 增加传热面积，保持排数不变。但是，由于表面式换热器的产品规格所限，往往不容易做到安全系数正好合适，或至少给选择计算工作带来麻烦（计算类型可能转化成校核性的）。因此，也可考虑在保持传热面积不变的情况下，用降低冷水初温 t_{w1} 的办法来满足安全系数的要求。比较起来，不用增加传热面积，而用降低一些冷水初温的办法来考虑安全系数更要简单合理。

8.3.2 设计举例

已知被处理的空气量 G 为 100000 m³/h（33.33 kg/s）；当地大气压力为 101325 Pa；空气的初参数为 $t_1 = 35$ ℃、$i_1 = 90.15$ kJ/kg、$t_{s1} = 28$ ℃、$\varphi_1 = 59.5\%$。空气的终参数为 $t_2 = 20$ ℃、$i_2 = 53.62$ kJ/kg、$t_{s2} = 18.6$℃、$\varphi_2 = 90.2\%$。表面式换热器进水温度 $t_{w1} = 7$ ℃。试确定表面式换热器的热工性能参数，并确定水温水量。

1. 计算接触系数 ε_2，确定冷却器的排数

根据 $\varepsilon_2 = \dfrac{t_1 - t_2}{t_1 - t_3} = 1 - \dfrac{t_2 - t_{s2}}{t_1 - t_{s1}} = 1 - \dfrac{20 - 18.6}{35 - 28} = 0.8$

在常用的空气流速范围内，设计 4 排表面式换热器能满足 $\varepsilon_2 = 0.8$ 的要求。

2. 确定表面冷却器的型号

由于冷水初始温度已知，先计算出热交换效率

$$\varepsilon_1 = \frac{t_1 - t_2}{t_1 - t_{w1}} = \frac{35 - 20}{35 - 7} = 0.5357$$

先假定一个迎风流速 v_a'，计算出所需冷却器的迎风面积 F_a'。假定 $v_a' = 2.2$ m/s，根据 $F_a' = G/(v_a'\rho)$，可得：$F_a' = 33.33/(2.2 \times 1.2) = 12.625$ m²。

设计表面式换热器的每排传热面积 $A_d = 234.4$ m²，通水截面积 $A_w = 0.03373$ m²。

3. 求析湿系数

$$\xi = \frac{i_1 - i_2}{c_p(t_1 - t_2)} = \frac{90.15 - 53.62}{1.01 \times (35 - 20)} = 2.412$$

4. 求传热系数

假定水流速 $v_w = 1.25$ m/s，根据式（8-2）可计算出传热系

数为

$$k = \left[\frac{1}{A v_a^m \zeta^p} + \frac{1}{B v_w^n} \right]^{-1} = \left[\frac{1}{29 v_a^{0.622} \zeta^{0.758}} + \frac{1}{385 v_w^{0.8}} \right]^{-1} = 76.88$$

5. 计算冷水量

$$W = f_w v_w \rho_w = 0.03373 \times 1.25 \times 1000 = 42.16 \text{ kg/s} = 151.79 \text{ m}^3/\text{h}$$

6. 计算换热器能达到的热交换效率 ε_1

先求传热单元数及水当量比：

$$\beta = \frac{KF}{\xi G c_p} = \frac{76.88 \times 937.5}{2.42 \times 33.33 \times 1.01 \times 1000} = 0.8877$$

$$\gamma = \frac{\xi G c_p}{Wc} = \frac{2.42 \times 33.33 \times 1.01}{42.16 \times 4.1867} = 0.46$$

计算 ε_1 值：

$$\varepsilon_1 = \frac{1 - e^{-\beta(1-\gamma)}}{1 - \gamma e^{-\beta(1-\gamma)}} = \frac{1 - e^{-0.8877 \times (1-0.46)}}{1 - 0.46 e^{-0.8877 \times (1-0.46)}} = 0.5325$$

7. 计算水温

由公式 $\varepsilon_1 = \dfrac{t_1 - t_2}{t_1 - t_{w1}}$ 可得冷水初温：

$$t_{w1} = t_1 - \frac{t_1 - t_2}{\varepsilon_1} = 35 - \frac{35 - 20}{0.5325} = 6.83 \ ℃$$

冷水终温：

$$t_{w2} = t_{w1} + \frac{G(i_1 - i_2)}{Wc} = 6.83 + \frac{33.33 \times (90.15 - 53.62)}{42.16 \times 4.1867}$$

$$= 13.73 \ ℃$$

8. 求空气阻力和水阻力

根据 4 排表面式冷却器的阻力计算公式可得空气阻力（减湿冷却）为

$$\Delta H_s = 42.2 v_a^{1.2} \zeta^{0.18} = 42.2 \times 2.2^{1.2} \times 2.412^{0.18} = 127.36 \text{ Pa}$$

水阻力为

$$\Delta h = 22.5 v_w^{1.8} = 22.5 \times 1.25^{1.8} = 33.62 \text{ kPa}$$

8.4　表面式换热器性能试验

8.4.1　表面式换热器设计方案

　　兖州煤业股份有限公司济三煤矿副井口设计进风量为18000 m³/min，对进风空气（温度34.8 ℃，相对湿度54%）全部进行处理（送风温度16 ℃，相对湿度95%）需要制冷量为13973 kW。根据井口房能够安设换热器位置和通风断面，共设计30台表面式换热器，单台冷量600 kW，风量600 m³/min，风阻小于50 Pa。表面式换热器安装于井口房两侧，副井口房表面式换热器布置如图8-3所示。

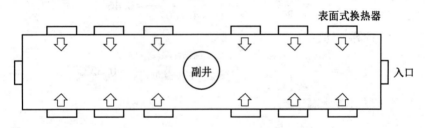

图8-3　副井口房空气换热器布置

8.4.2　表面式换热器设计

　　换热器使用铜管套铝翅片胀接而成，铜管直径为15.88 mm，壁厚为0.5 mm，铝翅片为平片（考虑易维护），翅片孔内径为16.3 mm，翅片孔距为38 mm，翅片排距为40 mm，翅片换热孔为叉排，换热器设计为四排、29孔、四管程，表面式换热器翅片片距为2.8 mm。表面式换热器设计图如图8-4所示。

8.5　换热器性能试验

8.5.1　试验目的

　　（1）通过试验，得出换热器的传热系数、水阻力、空气阻力的计算公式。

　　（2）分析表面式换热器进风空气参数的变化，表面风速的变

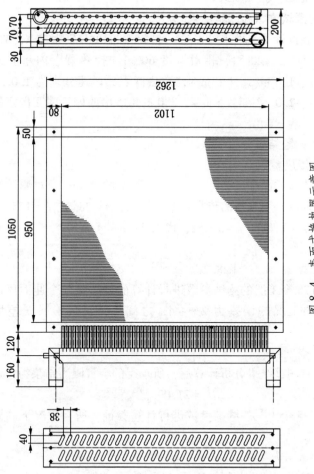

图 8-4 表面式换热器示意图

化，对换热器换热量、出风空气状态参数、传热系数等因素的影响。

（3）分析表面风速对空气换热器风阻的影响规律，设计换热器的风阻小于 50 Pa。

8.5.2　测试方案和试验结果

试验设计了 5 种进风工况（进风干球温度分别为 35 ℃、32 ℃、27 ℃、24 ℃、20 ℃，相对湿度 60%），换热器管内水流速为 0.5 m/s、1.0 m/s、1.5 m/s，换热器表面风速分别为 1.0 m/s、1.5 m/s、2.0 m/s、2.5 m/s、3.0 m/s，得到了 75 个工况点的测试数据。

8.5.3　试验结果分析

1. 传热系数

换热器样品在试验室经过 75 个工况的测试，经对测试结果分析处理后，所求得的传热系数结果为：$A = 28.2$，$B = 175$，$m = 0.435$，$p = 0.732$，$n = 0.652$，代入式（8-2）可得：

$$k = \left[\frac{1}{28.2 v_a^{0.435} \zeta^{0.732}} + \frac{1}{175 v_w^{0.652}} \right]^{-1}$$

对 75 个工况的测试参数进行计算验证，除几个迎面风速为 1 m/s 的工况的误差为 2% ~ 4% 之间外，其余工况误差均小于 2%。

2. 空气阻力

经对测试结果分析计算后，所求得的空气阻力结果为

$$\Delta H_w = 21.09 v_a^{1.485} \zeta^{0.132}$$

对 75 个工况的测试参数进行计算验证，所有工况下的误差均小于 5%。

3. 水阻力

经对测试结果分析计算后，所求得的水阻力结果为

$$\Delta p = 10.38 v_w^{1.88}$$

式中　Δp——水阻力，kPa；

　　　v_w——水在表面式换热器管内的流速，m/s。

对 75 个工况的测试参数进行计算验证，所有工况下的误差均小于 1.5%。造成误差的主要原因是出水温度不同，在相同进水温度下，出水温度越低，水的黏度越大，测试所得的水阻力越大。另外，对同管径、不同流速、不同长度的换热管进行了测试，对所测结果进行分析，得出单位长度直管换热管水阻力为

$$\Delta p = 0.83576 v_w^{1.746}$$

则不同长度四管程换热器的水阻力测试结果为

$$\Delta p = 10.38 v_w^{1.88} + 0.83576 v_w^{1.746}(L - 0.95)$$

式中　Δp——水阻力，kPa；

　　　v_w——换热管内的水流速，m/s；

　　　L——换热器直管长度，m。

9　表面式换热器换热效果影响因素分析

9.1　表面风速

　　在每一种试验工况下，通过变频调节风机风量改变进入表面式换热器空气流量，使其表面风速为 1.0~3.0 m/s。在进风空气温度为 35 ℃，相对湿度为 60%，测试分析了表面风速的变化对空气换热器出风干湿球、总传热系数和空气侧压降影响，分析结果如图 9-1 至图 9-4 所示。

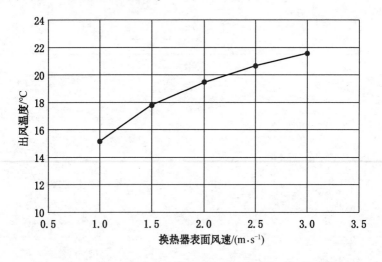

图 9-1　出风空气温度随表面风速的变化

　　从图中可以看出，表面式换热器表面风速提高时，其表面式换热器出风干球温度、总传热系数和换热量呈上升趋势，但上升

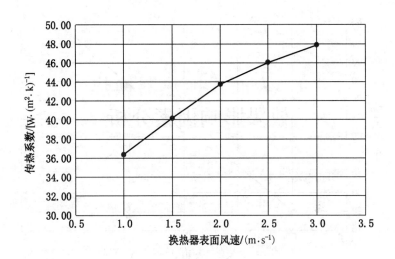

图 9-2 总传热系数随表面风速的变化

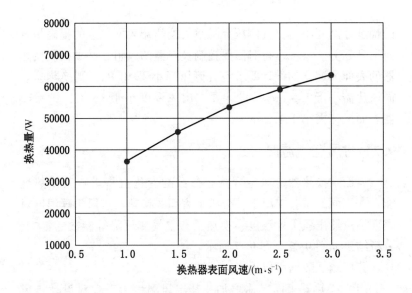

图 9-3 换热量随表面风速的变化

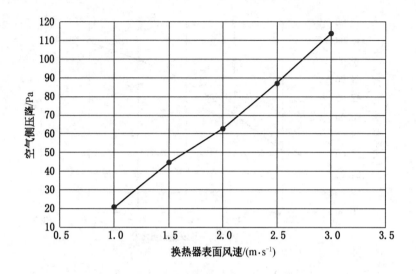

图9-4　空气侧压降随表面风速的变化

的幅度逐渐变小。空气侧压降随空气换热器表面风速的提高呈直线上升趋势。系统运行时需要控制换热器的风阻，必须控制换热器的表面风速。如设计要求空气侧压降小于 50 Pa，则换热器表面风速需小于 1.5 m/s。设计要求出风温度小于 16 ℃，则换热器表面风速需小于 1.2 m/s。

9.2　进风空气温度

表面式换热器进风空气状态参数的变化也将影响其换热性能。在不同的试验工况下，分析了表面式换热器进风干球温度对表面换热器出风干球温度、换热量和空气侧压降等参数的影响，分析结果如图9-5 至图9-7 所示。

分析测试数据可以得出以下结论：

（1）换热器表面风速增加，其出风温度上升。对设计进风工况（进风空气温度为 35 ℃，相对湿度为 60%），当换热器表面风速为 1.0 m/s 时，出风温度为 15.18 ℃，因此，要求出风温

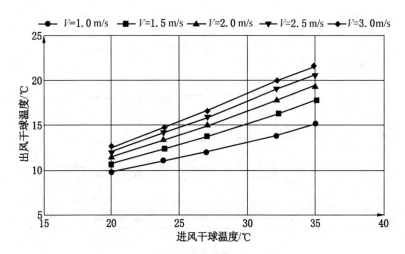

图 9-5 出风空气温度随进风干球温度的变化

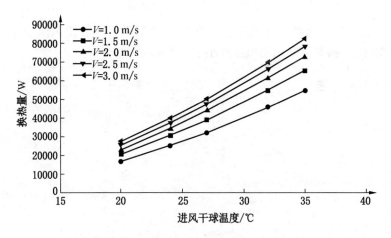

图 9-6 换热量随进风干球温度的变化

度低于 16 ℃，换热器表面风速需低于 1.2 m/s。

（2）换热量随进风空气温度的增加而增加，换热器表面风速上升时，换热量也随之上升。

（3）当表面风速不变时，空气侧压降随进风空气温度基本

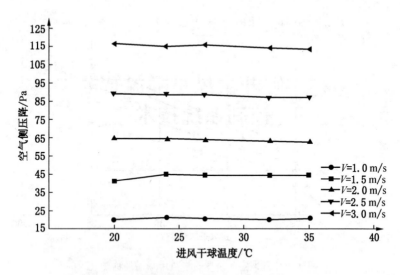

图 9-7 空气侧压降随进风干球温度的变化曲线

不变。当表面风速上升时，换热器的风阻上升。若使风阻小于 50 Pa，换热器迎风面风速需小于 1.5 m/s。

10 矿井全风量降温智能控制系统技术

10.1 概述

智能控制系统设计分为信息层、控制层、设备层3个层次。

1. 信息层

信息层位于中控室及综合楼，设有管理计算机及服务器，用光纤以太网与现场 PLC 分站连接，综合楼及中控室则通过以太网连接。信息层实时采集现场分站和各终端数据，管理计算机装有数据库及监控软件，可对数据进行动态画面显示、存储、备份、绘制曲线等处理功能，还可对现场设备进行远程控制，另外通过打印机及投影仪，打印各种报表、曲线以及对工艺画面进行投影。

2. 控制层

控制层为各 PLC 分站及远程 I/O 分站实时监控各工艺检测仪表参数，配电系统运行参数，各工艺设备运行状态，并把数据通过光纤以太网送到信息层，同时接收主站的控制命令。

3. 设备层

设备层为系统各工艺流程配备有检测仪表，实时在线检测各项工艺及电量参数，并输出信号至各区域的 PLC 分站，从而实现工艺参数的实时检测。

通信网络分为多种，其中 PLC 分站及中控室之间采用工业以太网，部分 PLC 站与电力设备之间采用 MODBUS RS485 通信网络。

10.2　设计原则

1. 先进性与适用性

系统方面体现当前自动化控制技术与计算机信息技术的最新发展水平，适应时代发展的要求。同时系统是面向各种管理层次使用的系统，其功能的配置以能给用户提供舒适、安全、方便、快捷为准则，其操作应简便易学。

2. 经济性与实用性

充分考虑用户实际需要和信息技术发展趋势，根据用户现场环境，设计选用功能和适合现场情况、符合用户要求的系统配置方案。通过严密、有机的组合，实现最佳的性价比，以便节约工程投资。同时保证系统功能实施的需求，经济实用。

3. 可靠性与安全性

系统的设计应具有较高的可靠性，在因系统故障或事故造成中断后能确保数据的准确性、完整性和一致性，并具备迅速恢复的功能。同时系统具有一整套成熟的系统管理策略，可以保证系统的运行安全。

4. 开放性

以现有成熟的产品为对象设计，同时还考虑到周边信息通信环境的现状和技术的发展趋势，可以方便扩展，并具备升级后与ERP、MES系统实现联动的功能。具有 RJ-45 网络通信口，可实现远程控制。

5. 可扩充性

系统设计中考虑到今后技术的发展和使用需要，具有更新、扩充和升级的可能。同时，系统在设计中留有冗余，以满足今后的发展要求。

6. 追求最优化的系统设备配置

在满足用户对功能、质量、性能、价格和服务等各方面要求的前提下，追求最优化的系统设备配置，以尽量降低系统造价。

7. 保留足够的扩展容量

在设备的控制容量上保留一定的余地，以便在系统中改造新的控制点。系统中还保留与其他计算机或自动化系统连接的接口，也尽量考虑未来科学的发展和新技术的应用。

8. 提高监管力度与综合管理水平

系统设备控制需要高效率、准确及可靠。系统通过中央控制系统对各子系统运行情况进行综合监控，实时动态掌握监视及报警情况。另外，系统的综合统筹管理可使设备按最优组合运行，在最佳情况下运行，既可节能，又可大大减少设备损耗，减少设备维修费用，从而提高监管力度与综合管理水平。

10.3 智能控制系统目标

（1）主机、水泵启停控制、状态显示及故障报警。

（2）使用侧冷冻水水泵变频运行。

（3）冷冻水泵与其他能源站内设备的连锁、顺序控制。

（4）精确控制冷冻水的供水温度及流量，在制冷热泵机组加减载及加减机时，流量与之配套进行调节，以达到最佳节能效果。

（5）实现整个制冷系统的节能、优化。

10.4 控制系统结构图

控制系统中上位机、打印机，以及 PLC 主控制器采用工业以太网连接，控制柜置于中央控制室内。根据现场需要在现场设置从站系统，从站系统与主站系统通过总线系统进行数据通信，上位机系统能实时读取现场的采集数据及控制现场设备的功能。控制系统结构图如图 10-1 所示。

10.5 冷水机组群控系统

10.5.1 系统功能

冷水机组群控的目的是在冷水机组的制冷量满足冷负荷需求的情况下，使空调设备能量消耗最少，并使其系统安全运行及便于维护管理，取得良好的经济效益和社会效益。冷水机组群控的监测与控制，其主要功能有以下三个方面：

（1）基本参数的测量。包括冷水机组的运行和故障参数；冷冻水循环系统总管的温度、流量和压力，冷冻水泵的运行和故障参数；冷却水循环系统总管的温度、冷却水泵和冷却塔风机的运行和故障参数；冷冻、冷却水路的电动阀门的开关状态。参数的测量是使冷源系统能够安全正常运行的基本保证。

（2）冷水机组的能量调节。主要是冷水机组本身的能量调节，机组根据水温自动调节导叶的开度或滑阀位置，电机电流会随之改变。

（3）冷源系统的全面调节与控制。即根据测量参数和设定值，合理安排设备的开停顺序和适当地确定设备的运行台数，最终实现"节能优化、集中管理"。这是智能控制系统发挥其可计算性的优势，通过合理的调节控制，节省运行能耗，产生经济效益，也是计算机控制系统与常规仪表调节或手动调节的主要区别所在。

10.5.2　系统优化控制

1. 加减机控制

1）加机控制

当系统末端负荷增加，控制系统接收到相应的供水温度变化，首先调节自身的负荷来满足系统负荷增加的需求。冷水机组能够锁定出水温度为 7 ℃（可调），当冷冻水出水温度上升时，机组内部温度传感器感应到水温的变化，此时机组则根据自身负荷调节的能力上载制冷负荷。

当冷水机组电流百分比达到 90% 或更高时，说明系统已处于高负荷运行状态，且冷冻水出水温度不能稳定在设定的温度值时，将触发自动加机程序，并选择待用中的冷水机组。

2）减机控制

当多台机组在运行，系统负荷变小时，机组内部温度传感器感应到相应的进回水温差变化，机组的负荷相应自动减小。当其

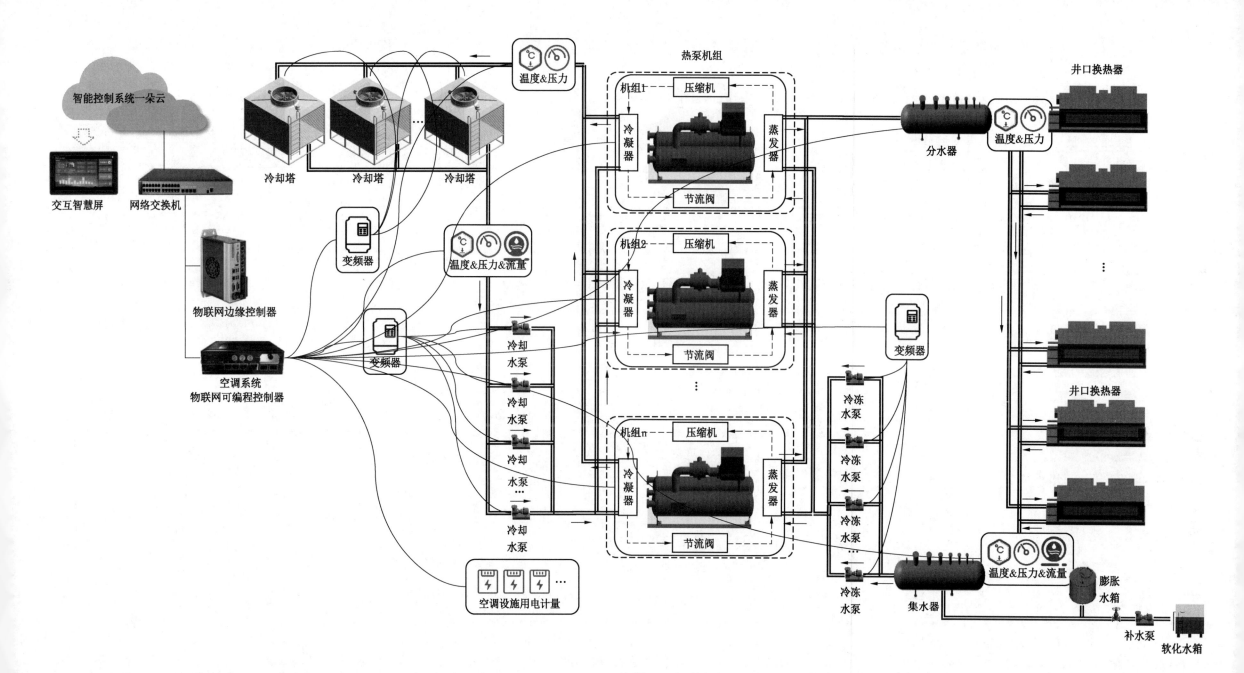

图 10-1　控制系统结构图

中两台机组的负荷总量小于一台机组的负荷总量时，且供回水温差继续降低时，则触发自动减机程序，关掉选中的冷水机组，且对应的周边设备按要求相应关闭，以使得剩下的冷水机组在满足系统负荷需求的同时，实现高效率运行。

2. 最优启停控制

系统运行时，可以记录每台机组的运行次数和时间，以使每次启动时，让运行次数和时间少的机组优先启动。同样，加机和减机时也依照此策略，让运行时间少的先加机，运行时间多的先减机，尽量平均分配每台机组的运行时间，最终实现机组等寿命的运行。

3. 系统启停控制

1）启动顺序

冷冻机启动顺序：启动命令—系统程序判断准备开启一台运行时间最少的冷冻机—打开相应的冷冻水和冷却水系统总管上的阀门—打开相应冷却塔进水管阀门—开启冷却塔—全部阀门状态返回后启动冷却水泵—状态返回后启动冷冻水泵—冷冻冷却水流开关闭合状态返回后延时 60 s 启动冷水机组。顺序控制流程如图 10-2 所示。

2）停止顺序

停止命令—程序判断系统准备卸载—关闭开启的冷冻机—主机运行信号断开返回后延时 15 min 关闭冷冻水泵冷却水泵—水泵停止状态返回后关闭冷却塔—延时 120 s 关闭冷却塔进水管阀门、冷冻水和冷却水系统阀门、冷冻冷却旁通阀。

4. 冷却塔控制

和冷水机组一样，冷却塔原则上也实行优化轮换控制。通过监控冷却塔运行状态加上内部程序运算，选择最小运行时间优先启动，最长运行时间优先停止。

当程序判断启用某一台冷却塔时，首先开启该冷却塔的阀门。当冷却水回水温度大于设定值 2 ℃（可设定）时，开启 1 台冷却塔风机；当冷却水回水温度大于设定值 3 ℃（可设定）

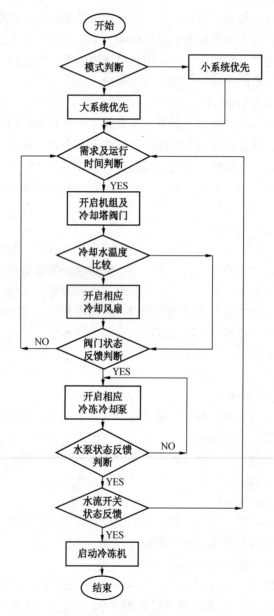

图 10-2　顺序控制流程

时，开启 2 台冷却塔风机；当冷却水回水温度大于设定值 4 ℃（可设定）时，开启 3 台冷却塔风机；当冷却水回水温度大于设定值 5 ℃（可设定）时，开启 4 台冷却塔风机。

当程序判断关闭该冷却塔时，则冷却塔的阀门和冷却风扇都必须关闭。每台冷却塔风扇开启后都会进行运行时间累计（以风扇运行状态 ON/OFF 为时间累计监控点），要运行 30 min 方可关闭，避免了设备频繁启停影响使用寿命。冷却塔控制流程如图 10-3 所示。

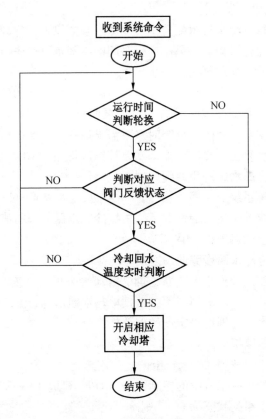

图 10-3　冷却塔控制流程图

5. 冷冻水泵控制

根据每台冷水机组配置 1 台冷冻水泵的原则，冷冻水泵原则上实行优化轮换控制，最小运行时间的冷冻水泵优先启动，最长运行时间的冷冻水泵优先停止。

冷冻水泵须在收到相应冷水机组阀门完全打开的反馈信号后方可启动。系统卸载时最后一组水泵要延时 15 min 关闭。当逻辑故障或水泵硬故障有反馈时水泵需求加一，以此类推。出现故障后需手动复位。

6. 冷却水泵控制

根据每台冷水机组配置 1 台冷却水泵的原则，冷却水泵原则上实行优化轮换控制，最小运行时间的冷却水泵优先启动，最长运行时间的冷却水泵优先停止。

冷却水泵须在收到相应冷水机组阀门完全打开的反馈信号后方可启动，系统卸载时最后一组水泵要延时 15 min 关闭。当逻辑故障或水泵硬故障有反馈时水泵需求加一，以此类推。出现故障后需手动复位。冷冻或冷却水泵控制流程如图 10-4 所示。

10.5.3　冷冻水压差旁通阀控制

当冷源系统处于停止状态时，冷冻水压差旁通阀开度为 0%。当冷源系统处于运行的情况下，根据冷冻水压差当前值与冷冻水压差设定值的偏差作 PID 调节。

10.5.4　冷却水温度旁通阀控制

当冷源系统处于停止状态时，冷却水旁通阀开度为 0%。当冷源系统处于运行的情况下，根据冷却水回水总管温度当前值与冷却水回水总管温度设定值的偏差作 PID 调节。

10.5.5　故障报警

冷水机组故障：冷水机组的故障用热继电器无源触点进行监视；同时如果冷水机组的控制命令为 ON，延时 10 min 后没有检测到冷水机组的状态为 ON，则冷水机组产生 Mismatch 故障。两种故障任何一种发生报警，则冷水机组的总故障点都会报警。

冷机冷冻水阀故障：如果冷机冷冻水阀的控制命令为 ON，

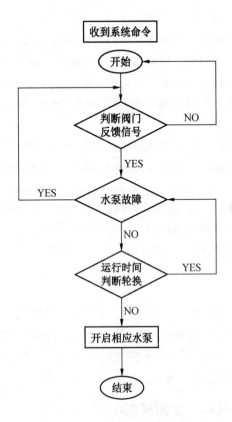

图 10-4　冷冻或冷却水泵控制流程图

延时 120 s 后没有检测到冷机冷冻水阀的状态为 ON，则冷机冷冻水阀产生 Mismatch 故障。

冷机冷却水阀故障：如果冷机冷却水阀的控制命令为 ON，延时 120 s 后没有检测到冷机冷却水阀的状态为 ON，则冷机冷却水阀产生 Mismatch 故障。

冷冻水泵故障：冷冻水泵的故障用热继电器无源触点进行监视；同时如果冷冻水泵的控制命令为 ON，延时 60 s 后没有检测到冷冻水泵的状态为 ON（动力箱无源触点），则冷冻水泵产生 Mismatch 故障。两种故障任何一种发生报警，则冷冻水泵的总故障点都会报警。

　　冷却水泵故障：冷却水泵的故障用热继电器无源触点进行监视；同时如果冷却水泵的控制命令为 ON，延时 60 s 后没有检测到冷却水泵的状态为 ON（动力箱无源触点），则冷却水泵产生 Mismatch 故障。两种故障任何一种发生报警，则冷却水泵的总故障点都会报警。

　　冷却塔风机故障：冷却塔风机的故障用热继电器无源触点进行监视；同时如果冷却塔风机的控制命令为 ON，延时 60 s 后没有检测到冷却塔风机的状态为 ON（动力箱无源触点），则冷却塔风机产生 Mismatch 故障。两种故障任何一种发生报警，则冷水机组的总故障点都会报警。

　　冷却塔蝶阀故障：如果冷却塔蝶阀的控制命令为 ON，延时 120 s 后没有检测到冷却塔蝶阀的状态为 ON，则冷却塔蝶阀产生 Mismatch 故障。

　　冷冻、冷却水的补水箱高位、低位触发时需发出报警信号。

　　当正在运行的设备有故障时，系统会自动将与其串联的其他设备停止，并启动运行次序在其后的设备。故障排除后，需将 RESET 置为 ON，将故障复位。

10.6　冷却塔群变流量控制技术

　　冷却塔群变流量技术包括冷却塔群变流量组件和冷却塔风机智能控制技术。冷却塔群变流量组件包括水力稳压器和变流量喷嘴，安装后，当冷却水流量在较大范围（30%～100%）变化时，冷却塔能够保持塔群接近 100% 的填料利用率，充分利用冷却塔的有效换热面积。

　　冷却塔风机智能控制技术是在应用冷却塔群变流量组件，实现冷却塔群接近 100% 的填料利用率的基础上，通过安装冷却塔能效控制柜，控制冷却塔风机同步联合节能运行，使冷却塔群适应冷却水流量变化，降低冷却塔风机能耗，提高冷却塔效率。

10.6.1 冷却塔群普遍存在的问题

1. 冷却水在不同横流式冷却塔间分布不均

冷却水在不同横流式冷却塔间分布不均如图 10-5 所示。阀门全部打开时，有的布水盘冷却水多，有的布水盘冷却水少，这是由于水压本身的特性造成的，而且冷却塔数量越多，这个问题越严重。

几乎没有水

水量较少

水量多

图 10-5　冷却塔冷却水分布

图 10-6 是针对冷却水在不同横流式冷却塔间分布不均这个问题常见的调节方法，即通过调节安装在布水盘进水管道上的电动阀、恒流阀或手动阀的开度，调节每根管道的流量，以实现冷却塔间均匀布水的目的。但是，因为这个问题是由于水压本身的特性造成的，所以通过阀门调节不能从根本上解决。同时，使用阀门调节还带来其他问题：阀体开度调小会增加管路阻力，增加水泵能耗。阀体开度调小，冷却水循环的流量下降，冷却量下降引起制冷主机能耗上升。

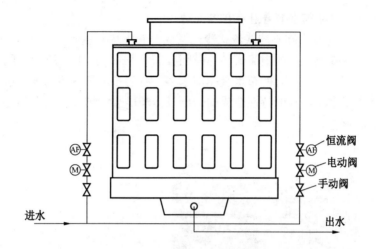

图 10-6　冷却塔流量调节方法

2. 冷却水在同一横流式冷却塔布水盘内分布不均

冷却水在同一横流式冷却塔布水盘内分布不均如图 10-7 所示。当进入冷却塔布水盘的冷却水量较小时，部分布水盘几乎没有水。

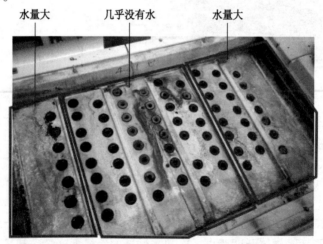

图 10-7　冷却塔布水盘内冷却水分布

传统的布水盘采用平面布水，冷却水优先从靠近进水管道的下水孔流向填料，离进水管道较远的下水孔分不到水，其对应的填料得不到有效利用，冷却效果不佳。冷却塔布水盘水流如图10-8所示。

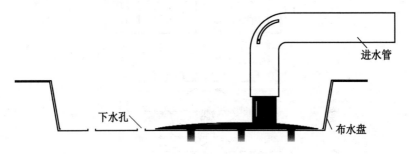

进水管

下水孔

布水盘

图10-8　冷却塔布水盘水流

3. 逆流式冷却塔利用率偏低

现有逆流式冷却塔内的冷却水布水方式大部分采用的是平均配置的单层布水管道，管道下方安装布水喷头。系统的缺点是：

（1）小流量时，靠近布水管进水端的布水喷头有水流出，而远端的布水喷头出水很少或者没水流出，造成冷却塔的部分冷却面积无法利用，影响冷却效果。

（2）大流量时，因安装在管道中的布水喷头数量是固定不变的，为增加流量，势必提高流速，而喷头出口的阻力会造成水泵运行功率提高。

4. 传统冷却塔风机控制的问题

对冷却塔风机的传统控制方法是一种"添油战术"，基本控制原理如下（图10-9）：

设定目标冷却塔出水温度 $T0$。

若实际的冷却塔出水温度 $T1$ <设定的目标冷却塔出水温度 $T0$，停止1台冷却塔风机。

若实际的冷却塔出水温度 $T1$ =设定的目标冷却塔出水温度 $T0$，保持当前运行数量。

若实际的冷却塔出水温度 $T1$ > 设定的目标冷却塔出水温度 $T0$，启动 1 台冷却塔风机。

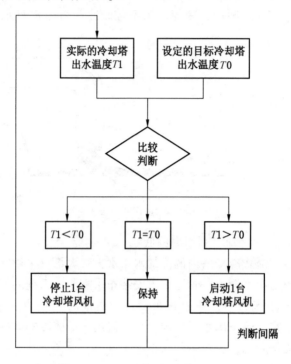

图 10-9　冷却塔风机控制原理

10.6.2　解决冷却塔问题的措施

10.6.2.1　水力稳压器实现冷却水在不同横流式冷却塔间均匀分布

1. 水力稳压器简介

水力稳压器根据水压的特性，采用简洁的结构。在横流式冷却塔群的流量在 30%～100% 之间变化时，可实现冷却水在各冷却塔间的均匀分布，提高冷却塔群的填料利用率，从而提高冷却效果，降低冷却水回水温度。

水力稳压器的调节原理与传统的采用手动阀、电动阀或恒流阀的调节原理完全不同。与各种"阀"相比，没有任何运动部件的水力稳压器不易堵塞和损坏，不会产生额外的管路阻力，不需要额外的操作，并且调节的效果更好，适用范围更广，速度更快。

2. 水力稳压器的材质

外部：304 不锈钢，内部：UPVC。

3. 水力稳压器的基本结构

水力稳压器的基本结构如图 10-10 所示。

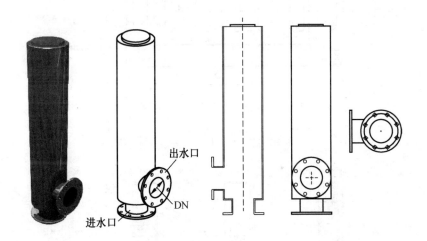

图 10-10 水力稳压器基本结构

4. 水力稳压器的安装位置

每个布水盘配置一个水力稳压器，安装在冷却塔的进水管路上。水力稳压器安装位置如图 10-11 所示。

5. 水力稳压器的基本原理

水力稳压器利用 U 形管原理，在冷却水流量在 30% ~ 100% 之间变化时，实现布水盘间的均匀分布。它构造简洁、不耗能、不易损，可以自动、实时、快速地进行调节。水力稳压器的基本原理如图 10-12 至图 10-13 所示。

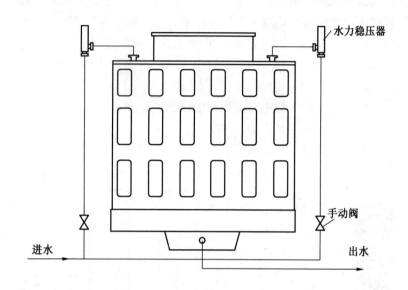

图 10-11　水力稳压器安装位置

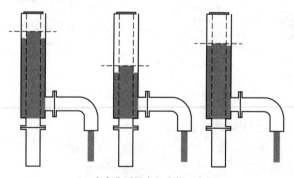

(a) 水力稳压器内部水位示意图

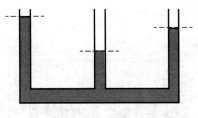

(b) U形管水位示意图

图 10-12 初进水时的 U 形管不水平状态

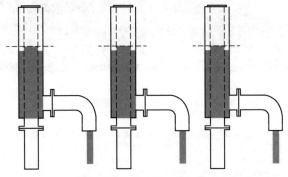

(a) 水力稳压器内部水位示意图

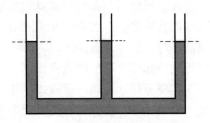

(b) U形管水位示意图

图 10-13 自动调整后的 U 形管水平状态

6. 水力稳压器的安装实景

水力稳压器的安装实景如图 10-14 所示。

图 10-14　水力稳压器的安装实景图

10.6.2.2　变流量喷嘴实现冷却水同一横流式冷却塔布水盘内均匀分布

1. 变流量喷嘴简介

变流量喷嘴创造性在布水盘平面分布的下水孔上增加了纵向的下水槽。安装变流量喷嘴后，无论布水盘的水量如何变化，每个变流量喷嘴始终能分到水，单台冷却塔几乎保持 100% 的填料利用率，从而提高冷却塔的冷却效果。

变流量喷嘴无运动部件，不易堵塞和损坏，可自动、快速地调节。与其他意图实现冷却水在同一横流式冷却塔布水盘内均匀分布的措施相比，效果更好，实施更方便，适用范围更广。

2. 变流量喷嘴的材质

采用 ABS 材料。

3. 变流量喷嘴的基本结构

变流量喷嘴的基本结构如图 10-15 所示。

上部：下水槽

下部：洒水结构

图 10-15 变流量喷嘴的基本结构

4. 变流量喷嘴的安装位置

变流量喷嘴安装在布水盘内，处于填料的范围内并与填料保持 50 mm 的下间间距。变流量喷嘴的安装位置如图 10-16 所示。

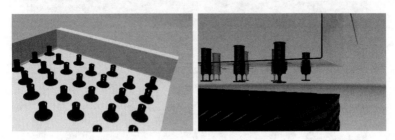

图 10-16 变流量喷嘴的安装位置

5. 变流量喷嘴的基本原理

变流量喷嘴设计了立式下水槽，进入布水盘的冷却水首先形成积水，然后从每个下水孔流向填料。另外，由于立式下水槽的结构特点，少量的杂物不会影响布水盘的使用。单台冷却塔的填料得到充分利用。变流量喷嘴的基本原理如图 10-17 所示。

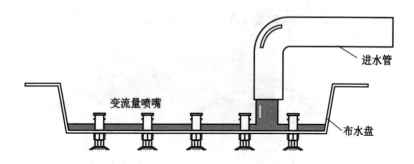

图 10-17　变流量喷嘴的基本原理

6. 变流量喷嘴的安装实景

变流量喷嘴的安装实景如图 10-18 所示。

图 10-18　变流量喷嘴安装实景图

10.6.2.3　逆流式冷却塔双层布水技术

1. 实施措施

将布水管道的支管上下多层设置。上下层支管的管径和高度根据布水喷头的口径、管道流速和水位压差等参数设计计算。上下层的支管和布水喷头错开设置。布水喷头采用旋转喷头或固定花洒喷头。逆流塔双层布水示意如图 10-19 所示。

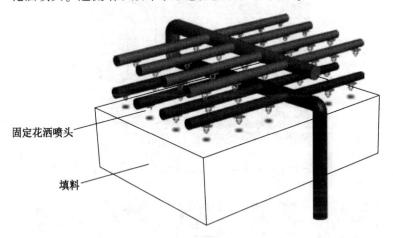

固定花洒喷头

填料

图 10-19 逆流式冷却塔双层布水示意图

2. 优化效果

不额外增加管道阻力，可选用低扬程水泵，以降低水泵能耗。因各塔均是连接总管的 U 形管道结构，可使每个塔在小流量时优先下层布水，实现各个塔间的均匀布水。上下层的支管和布水喷头错开设置，在大流量时，多层支管统一布水，更好地利用冷却面积。系统整体节能 3% ~ 5%。

10.6.3 冷却塔群变流量技术的应用效果

应用冷却塔群变流量技术，在冷却水流量从 30% ~ 100% 之间变化时，可自动、快速实现冷却水在各冷却塔间和单台冷却塔内部均匀分布，保持冷却塔群接近 100% 的填料利用率。即最大化提高既有冷却塔的有效换热面积，同时控制冷却塔风机在高效区运行，为冷却塔群提供合理的风量，实现年均降低冷却水温度 1.5~3 ℃，实现 10% ~15% 的节能率。应用冷却塔群变流量技术后的塔内实景如图 10-20 所示。应用冷却塔群变流量技术后的塔群内布水示意如图 10-21 所示。

图 10-20　应用冷却塔群变流量技术后的塔内实景图

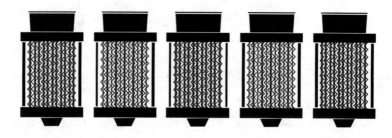

图 10-21　应用冷却塔群变流量技术后的塔群内布水示意图

11 工 程 实 践

11.1 赵楼煤矿

11.1.1 矿井热害现状

兖煤菏泽能化公司赵楼煤矿位于巨野煤田的中部，北距郓城县城约 22 km，东距巨野县城约 13 km。井田含煤地层为山西组和太原组，主采 3 煤层，埋深 700~1200 m，煤层平均厚度 6.19 m，煤层倾角 2°~18°，属赋存比较稳定煤层。井口设计标高 45 m，井底车场水平标高-860 m。

矿井主要热源有地表季节性气温、地温、空气压缩热、大型机电设备散热及氧化放热等多种因素。采深加大，地温升高，地热成为矿井的主要热源。

赵楼煤矿煤层属正常地温梯度为背景的高温区，地层年恒温带为 50~55 m，温度为 18.2 ℃，平均地温梯度 2.20 ℃/100 m，非煤系地层平均地温梯度 1.85 ℃/100 m，煤系地层平均地温梯度 2.76 ℃/100 m，初期采区大部分块段原始岩温为 37~45 ℃，处于二级热害区域。经相关测定：赵楼煤矿一采区 1304 采煤工作面区域煤体原始温度约为（43.5±0.1）℃；一采区 1302 采煤工作面区域煤体原始温度约为（40.5±0.1）℃。根据测算，赵楼煤矿采、掘进工作面空气温度一般在 32~35 ℃。

因此，为确保矿井安全生产和职工的健康，必须采取机械制冷降温的方法解决矿井的热害问题。

11.1.2 矿井原制冷降温情况

矿井安装了德国 WAT 公司生产的井下集中式冷水降温系统。该系统主要由制冷机组、冷冻水及冷却水循环系统、冷却塔、空气换热器及电控系统等设备组成。系统装备 3 台 KM3000

型制冷机，总制冷能力 9900 kW。

单台制冷机组可提供 190 m³/h 的 3~5 ℃冷冻水，冷冻水经输冷管网送至末端空气换热器，利用热交换器与采掘工作面的热空气进行交换。其间所吸收的热量将使水温上升到 15 ℃左右，再由冷冻水泵使其返回制冷机组再冷，形成冷冻水循环。

冷却塔出来的 31 ℃冷却水经冷却水泵，通过安装在回风井的管路输送到井下，接至制冷机组冷凝器的进水侧，冷却水吸收制冷机的冷凝热后温度上升至 40.4 ℃左右，再由安装在回风井中的回水管返回地面冷却塔进行冷却。赵楼煤矿原制冷降温工艺流程如图 11-1 所示。

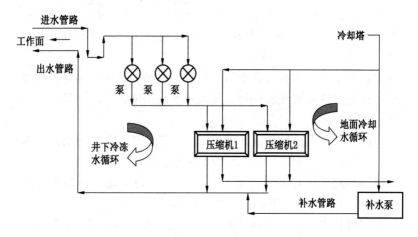

图 11-1　赵楼煤矿原制冷降温工艺流程

目前矿井共计安装 31 台空冷器，全部投入运行。其中，RWK-450 型 17 台、RWK-350 型 7 台、RWK-250 型 5 台、QS-200 型 2 台，共计功率 11750 kW。采煤工作面进风顺槽布置 3~4 台 RWK-450 型空冷器，回风侧布置 2 台 RWK-450 型空冷器；综掘工作面和掘进距离较长的普掘工作面布置 1 台 RWK-450 型空冷器；环境温度较好或掘进距离较短的普掘工作面布置 1 台其他型号空冷器。

11.1.3　现有降温系统存在的问题

赵楼煤矿降温方案实施后，取得了比较明显的降温效果，但目前存在降温系统制冷能力不足的问题。通过对矿井制冷系统全年运行情况（表11-1）统计表明，现有制冷机组在冬季（1月、2月、12月）和春秋季（3月、4月、5月、6月、10月、11月）能满足矿井用能需求，但在每年7月上旬至9月下旬月三个月的时间里，三台机组全部运行仍然不能满足矿井制冷降温需求，采掘活动受到较大影响，严重制约矿井生产能力的提高。实测数据表明，2013年7—8月，井底车场空气温度达到32℃，湿度为93%左右。当采煤工作面进风巷安设4台空冷器时，进风隅角的温度为26~27℃，湿度80%左右；但工作面风流温升十分明显，工作面回风温度达到33~34℃，严重影响工作效率。

表11-1　制冷机组全年运行情况对照表

序号	月份	运行机组台数	运行效果
1	12、1、2	1	良好
2	3、4、11	2	良好
3	5、6、10	3	良好
4	7、8、9	3	制冷负荷不足

11.1.4　矿井热害治理方案

通过对赵楼煤矿热害现状和大量测温数据的分析表明，赵楼煤矿属于热害严重矿井，应采用"全风量降温技术"+"井下集中式降温技术"治理矿井热害。即在原井下集中式降温系统基础上增加全风量降温系统。该系统原理：夏季，由制冷站制备冷冻水（5~7℃），通过管道输送到井口空气换热器，将进入矿井的空气降温除湿后再送入井下工作面，最终达到降温目的。冬季，利用矿井水作为热源，由热泵机组制备45~50℃的热水，通过管道输送到井口空气换热器，将进入矿井的空气加热到2℃

以上，满足井口防冻供热需求。

11.1.4.1　冷负荷计算

1. 室外气象参数

巨野矿区气候温和，属温带季风区大陆性气候。年平均气温13.5 ℃，最低气温一般在每年的1月，平均最低气温-0.5 ℃，日最低气温-19.4 ℃；最高气温一般在每年的7月，平均气温27.6 ℃，平均湿度81%，日最高气温41.6 ℃。

地区年平均降雨量701.9 mm，年最大降雨量1186 mm，降雨多集中在7月、8月。年平均蒸发量1819.5 mm，年最大蒸发量2228.2 mm，年最小蒸发量1654.7 mm。历年最大积雪厚度约0.15 m，最大冻土深度约0.37 m。

夏季空调总天数120天，夏季空调计算干球温度34.1 ℃，夏季空调计算湿球温度27.5 ℃，夏季空调计算相对湿度81%，冬季计算风速为3.0 m/s，夏季计算风速为2.5 m/s。

2. 室内空气设计参数

根据预测，夏季矿井井口送风空气温度为20 ℃，相对湿度95%。

3. 冷负荷计算结果

赵楼煤矿总进风量达到16000~18000 m³/min。按照总进风量18000 m³/min计算，可处理进风空气所需的冷负荷为17282 kW。

11.1.4.2　热泵机组选型

系统需要总冷量为17282 kW，设计选用4台离心式水源热泵机组，单台机组制冷量4500 kW，输入功率780 kW，总制冷量18000 kW。

11.1.4.3　井口空气换热器设计方案

空气换热器有动力换热器和无动力换热器两种类型。有动力换热器需要设置风机为动力，其优点是换热量较稳定，受外界影响较小，但缺点是风机产生的噪声会直接影响井口的通行安全。此外风机需使用防爆型，而且应有防止火灾的措施。而无动力换热器则可以克服上述缺点，能否使用则须有充分论证。首先，由于矿井通风机在井口产生负压，因此，换热器通风动力源可以利用矿井通风机提供的通风动力。其次，处理好井口的密闭问题，使进入矿井的风流先经过换热器处理后再进入井下，才能确保通风降温的效果。由于副井口是人员、材料的主要通道，因此井口构筑物的入口和井架处密闭不好，造成大量漏风而进入井筒，影响通风降温的效果。第三，换热器的通风阻力足够小，以尽量减少对矿井主通风机运行工况的影响。

为充分利用矿井通风机的动力，克服有动力换热器所产生噪声以及有可能产生的火灾事故的不利影响，通过计算机模拟分析和现场实测验证，结果表明，采用无动力换热器是可行的。

1. 主井口换热器设计方案

主井口设计进风量为 21000 m³/h（3500 m³/min），将进风空气状态（温度 34.1 ℃，相对湿度 81%）处理到出风空气状态（温度 20 ℃，相对湿度 95%）需要的冷量为 3360 kW。根据井口房能够安设换热器位置和通风断面，共设计 5 台空气换热器，总冷量为 3771 kW（表 11-2），能满足空气热湿处理的要求。由于进风区处于负压区，每台换热器布置在主井口房外墙侧，需处理好整个建筑的漏风问题。新风进入井下时，先流经换热器冷却后进入井下，以确保换热效果。主井口换热器布置如图 11-2 所示。

表 11-2　主井口空气换热器设计参数

序号	位置	型号	数量	风量/(m³·h⁻¹)	冷量/kW	总冷量/kW	风阻/Pa
1	主井一层左	BMAH2139AH50	1	42800	744	744	95.8
2	主井一层右	BMAH2147AH50	1	51800	916	916	98.0
3	主井二层	BMAH2215AH50	2	30000	526	1052	93.4
4	主井三层	BMAH2447AH50	1	59800	1059	1059	97.6

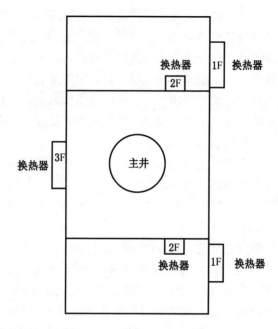

图 11-2　主井口换热器布置图

2. 副井口换热器设计方案

副井口设计进风量为 870000 m³/h（14500 m³/min），将进风空气状态（温度 34.1 ℃，相对湿度 81%）处理到出风空气状态（温度 20 ℃，相对湿度 95%）需要的冷负荷为 13922 kW。根据井口房能够安设换热器位置和通风断面，共设计 14 台空气换热器，总冷量为 14996 kW（表 11-3）。副井口换热器布置如图 11-3 所示，换热器结构设计详见换热器设计图。

表 11-3　副井口空气换热器设计参数

序号	位置	型号	数量	风量/（m³·h⁻¹）	冷量/kW	总冷量/kW	风阻/Pa
1	副井 A	BMAH2862AH50	6	93600	1659	9954	97.4
2	副井 B	BMAH2837AH50	1	54800	938	938	98.7

表 11-3（续）

序号	位置	型号	数量	风量/ ($m^3 \cdot h^{-1}$)	冷量/ kW	总冷量/ kW	风阻/ Pa
3	副井 C	BMAH2237AH50	2	42000	718	1436	99.0
4	副井 D	BMAH2847AH50	1	70000	1240	1240	97.4
5	副井 F1	BMAH2828AH50	1	40700	709	709	97.5
6	副井 F2	BMAH2810AH50	1	12400	210	210	97.4
7	副井 H1	BMAH2818AH50	1	19100	323	323	97.5
8	副井 H2	BMAH2811AH50	1	10800	186	186	98.7

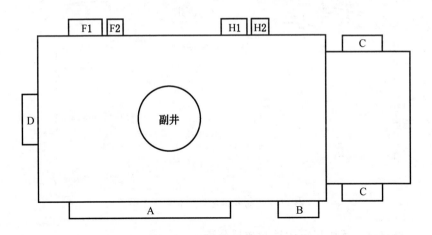

图 11-3 副井口换热器布置图

11.1.4.4 井口封闭技术方案

由于井口构筑物是主要运输通道，为确保通风降温效果，需加强井口构筑物密闭和控制，避免风流通过井架和东西两侧的风门进入。

在沿着铁轨方向，利用彩钢板将四周密封，副井东侧密封长约 50 m，西侧密封长约 20 m。东侧原有门处设置 2 个背带堆积式高速卷帘门，在延伸处布置 2 个背带堆积式高速卷帘门。西侧原有门处设置 2 个背带堆积式高速卷帘门，延伸处设置 3 个背带堆积式高速卷帘门。副井口房密闭和控制方案如图 11-4 所示。

每个背带堆积式高速卷帘门各设置雷达感应系统。当铁轨车辆运行接近高速卷帘门时，被感应探头检测到，其对应卷帘门快速开启，待车辆全部通过后，卷帘门自动关闭，其后侧对应轨道的卷帘门开启，在通过后道门以后，后道门保持关闭。

在前道卷帘门开启时，其对应的后道卷帘门保持关闭。当电动门失电时，所有电动门处于开启状态。

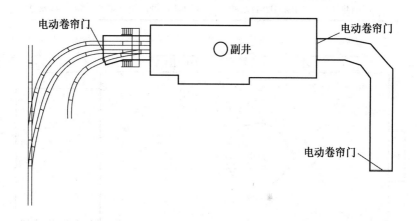

图 11-4　副井口房密闭和控制方案

11.1.5　系统运行测试与效果分析

11.1.5.1　井下热环境测试

1. 测试方案

井下环境温度与地面同步测试，沿着 1307 综放工作面进风路线（图 11-5），对沿途各主要地点进行测试。测试地点为：地面、副井井口、副井井底、主井井底、南部 1 号大巷测风站（距副井井底 450 m）、南部 2 号大巷测风站（距副井井底 300 m）、一集轨道上车场（距副井口 900 m）、一集轨道中车场（距副井井底 1500 m）、一集轨道下车场（距副井口 2000 m）。

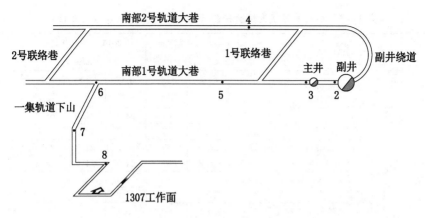

图 11-5　井下测试路线示意图

2. 测试数据

为对比运行后的效果，测试数据与 2013 年系统运行前的测试数据进行了对比分析，测试数据见表 11-4 和表 11-5，全风量降温系统运行前后通风路线空气状态参数变化如图 11-6 至图 11-9 所示。

表 11-4　全风量降温系统运行前后环境参数（2014 年 7 月 31 日）

测试时间		2013 年 7 月 16 日（系统未安装）			2014 年 7 月 31 日（系统运行）		
环境参数		干球温度	湿球温度	相对湿度	干球温度	湿球温度	相对湿度
测试地点	地　面	32.4	23.9	55	31.8	24.3	58.3
	副井井口	31.8	25.2	60	19.4	19.0	94.9
	副井井底	30.2	28.6	88	25.1	21.6	72.2
	主井井底	30.4	28.8	88	25.8	22.3	74.6
	南部 1 号大巷测风站	30.4	28.8	88	26	23.5	75
	南部 2 号大巷测风站	31	30	93	26.2	22.7	73
	一集轨道上车场	30.6	29	89	26.8	23.8	76
	一集轨道中车场	30.6	29	89	27.4	23.9	76
	一集轨道下车场	31	29.4	89	27.6	24.6	77

表 11-5　全风量降温系统运行前后环境参数（2014 年 9 月 4 日）

测试时间	2013 年 6 月 18 日（系统未安装）			2014 年 9 月 4 日（系统运行）		
环境参数	干球温度	湿球温度	相对湿度	干球温度	湿球温度	相对湿度
测试地点 地　面	30	25	65	28.4	21.9	61.2
副井井口	29.5	24.4	67	19.3	18.0	87.3
副井井底	28.2	26.6	89	24.2	21.2	73.6
主井井底	28.2	26.8	89	24.7	21.6	76.8
南部 1 号大巷测风站	28.2	27	90	25.4	22.4	77
南部 2 号大巷测风站	28.6	27.2	90	25.2	22.4	79
一集轨道上车场	28.2	26.8	90	25.8	23.2	80
一集轨道中车场	28.2	26.8	90	26.2	23.6	80
一集轨道下车场	28.6	27.4	91	27	24.2	80

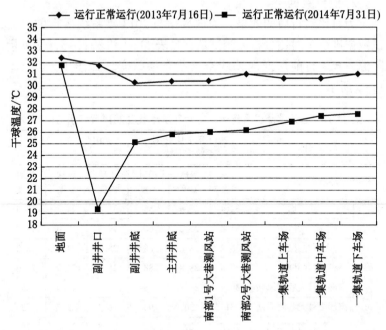

图 11-6　全风量降温系统运行前后通风路线上干球温度变化曲线
（2014 年 7 月 31 日）

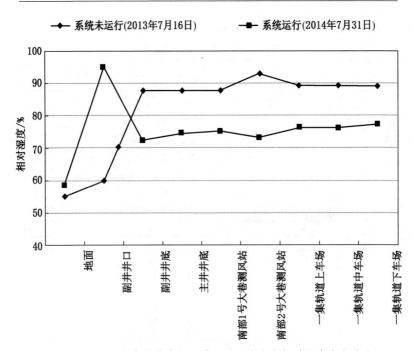

图 11-7 全风量降温系统运行前后通风路线上相对湿度变化曲线
（2014 年 7 月 31 日）

11.1.5.2 系统运行效果分析

（1）采取矿井全风量降温系统后，井下降温效果体感明显，较往年有显著改善。

（2）地面湿度大致相同的情况下，副井井底、一集轨道上车场、一集轨道下车场湿度降幅约 15%；在地面湿度大致相同的情况下，温度降幅在 4～5 ℃，副井井底能保持在 26 ℃以下，一集轨道下车场（靠近 1307 工作面进风）保持在 28 ℃以下。

（3）测试结果表明：矿井进风井口的密封效果对矿井全风量降温效果的影响很大，经过封闭处理，实现无动力的矿井进风全风量降温处理是可行的。

综上可得出结论，通过空气换热器的实际处理风量及经空气换热器处理后的空气状态均达到了设计要求；实现了全风量降温

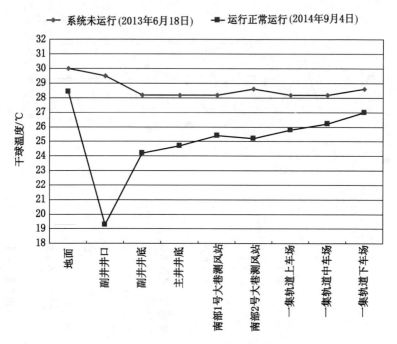

图 11-8 全风量降温系统运行前后通风路线上干球温度变化曲线
(2014 年 9 月 4 日)

效果，达到治理高温热害的目的。

11.2 济宁三号煤矿

11.2.1 矿井概况

济宁三号煤矿坐落在济宁市郊区，东连京沪铁路，西通京九、京广两条铁路大动脉，南经大运河直达江南苏杭，北靠 327 国道。矿区地势平坦，地理位置优越，交通便利。矿井隶属于兖矿集团控股公司兖州煤业股份有限公司，是我国第一座设计年生产能力 500×10^4 t 的现代化特大型立井开拓矿井。

目前，济宁三号煤矿采掘深度已经达到了 -630 m 水平，因地温升高而产生的矿井热害问题已日益凸显。济宁三号煤矿曾与中国矿业大学合作对井下热环境参数进行了调查与预测，其研究

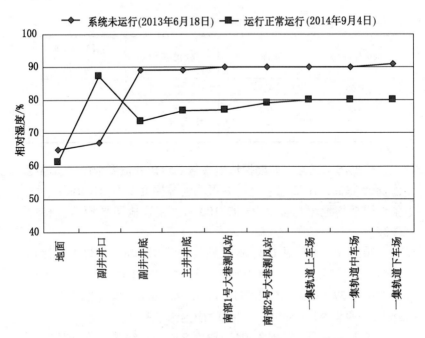

图 11-9 全风量降温系统运行前后通风路线上相对湿度变化曲线

（2014 年 9 月 4 日）

报告《济宁三号煤矿井下热环境参数调查和风温预测报告》中关于矿区地温及工作面风温预测情况见表 11-6。

表 11-6 济宁三号煤矿 3 号煤层地温预测结果

水平标高/m	垂深/m	煤层温度/℃	每百米煤系地层平均地温梯度/℃
-400	438	23.5	
-500	538	26.5	
-600	638	29.4	2.96
-670	708	31.5	
-700	738	32.4	

表 11-6（续）

水平标高/m	垂深/m	煤层温度/℃	每百米煤系地层平均地温梯度/℃
-800	838	35.3	
-900	938	38.3	2.96
-1000	1038	41.3	

根据济宁三号煤矿勘探地质报告确定矿井恒温带深度、温度分别为 55 m、16.5 ℃；全矿井平均地温梯度 2.44 ℃/100 m，煤系地层平均地温梯度 2.96 ℃/100 m，煤系地层平均地温梯度较高。

2012 年 7 月，对 183$_{上}$05 胶顺（深度 750 m）掘进工作面环境温度进行测定，具体情况如下：该巷道断面 13 m^2，局部通风机功率为 37 kW，风筒出口风量 260 m^3/min。风机吸风口温度 28 ℃，迎头温度 28.5 ℃，巷道回风温度 33 ℃。

2012 年 9 月，对 183$_{上}$04（深度 740 m）综放工作面环境温度进行测定，具体情况如下：183$_{上}$04 综放工作面走向长度为 2300 m，工作面面长 200 m。工作面采用 U 形通风方式，辅助顺槽进风，胶带输送机顺槽回风。工作面配风量 21 m^3/s。

183$_{上}$04 工作面风流热力参数如图 11-10 所示。A 点温度 28 ℃；空气湿度 96%；B 点温度 31 ℃，空气湿度 91.3%；C 点温度 33 ℃，空气湿度 100%；围岩表面温度 31.5 ℃。

11.2.2　矿井热害治理方案

通过对济宁三号煤矿热害现状和大量测温数据的分析表明：济宁三号煤矿属于较热害严重矿井，采用"全风量降温技术"+"井下局部式降温技术"治理矿井热害；即在原井下局部式降温系统基础上增加全风量降温系统。

11.2.2.1　矿井热环境测试

为监测矿井气候状况，在矿井的不同部位安设了温湿度自动监测系统，通过数据线传输到地面的监测中心，按照一定的间隔

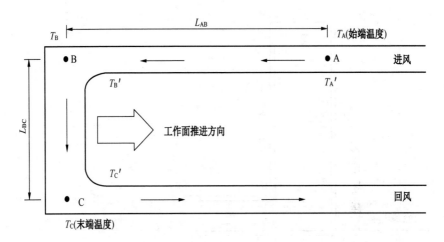

图 11-10 183上04 工作面风流热力参数

进行采样，采样数据自动存储在服务器中。温度传感器分别安设在副井井底车场、西部运输巷顶盘、六采西部辅运巷（南）、183上04 辅顺巷入口、183上04 辅回风巷。监测系统于 2012 年 8 月 16 日正式投入运行。

为全面了解矿井气候的热力状况，项目组于 2012 年 9 月 21 日对 183 上 04 工作面通风线路上进行布点，并对各点的空气状态参数进行测试。观测仪器采用数字式精密气压计、干球温度计、湿球温度计、风表、水温计、测尺、WMY-01 数测温计、红外测温仪等仪器设备。测点布置图如图 11-11 所示，测定数据见表 11-7。各测点空气的干球温度和湿球温度如图 11-12 所示，各测点空气的相对湿度如图 11-13 所示。

从各通风路线上的测点空气的焓值如图 11-14 所示，可以看出空气的焓值沿程增加，从地面到六采区西辅巷增加幅度较小，而 183上04 辅顺巷进风口至工作面回风巷出口增加幅度较大。说明：井下热源主要集中在采区工作面区段，而运输大巷向风流散热量较少。部分区段运输巷道从风流中吸收热量，使空气的焓值下降，巷道的壁面起到了调温的作用。

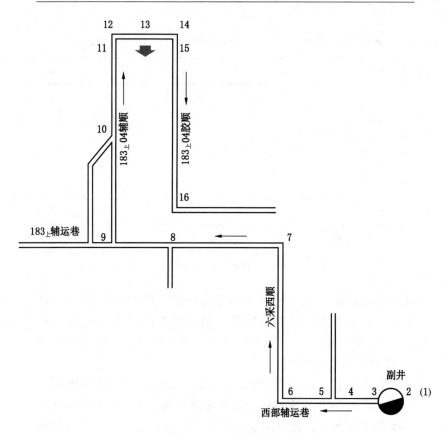

图 11-11　测点布置图

表 11-7　183上04 工作面风流参数测定表

测点编号	位置	干球温度/℃	湿球温度/℃	相对湿度/%	焓值/(kJ·kg⁻¹)
1	副井口（地面）	28.0	21.25	56.0	62.05
2	井底车场	29.8	22.4	54.0	64.205
3	西辅顶盘（西辅 618 m 处）	28.7	22.87	62.1	65.845
4	西辅底（五采联络巷处）	28.7	22.96	62.6	66.15
5	西辅（六采联络巷处）	29.0	24.16	68.3	70.675

表 11-7（续）

测点编号	位置	干球温度/℃	湿球温度/℃	相对湿度/%	焓值/(kJ·kg⁻¹)
6	六采区西辅运巷南	28.3	23.81	70.0	69.275
7	六采区西辅运巷北	27.2	24.59	81.6	72.043
8	六采区西辅与18采交叉口	28.3	23.81	70.0	69.275
9	183上04辅顺巷进风口	28.2	27	82.2	79.219
10	183上04泄水巷口（距上隅角400 m）	28.5	26.99	89.5	85.219
11	辅顺巷距上隅角10 m	29.1	28.43	95.3	91.871
12	工作面上隅角	29.3	29.23	99.4	95.677
13	工作面中间	30.1	30.1	99.5	100.214
14	工作面回风隅角	32.1	32.1	99.6	110.858
15	工作面回风巷（距工作面5 m）	30.8	30.76	99.7	103.714
16	工作面回风巷（距工作面800 m）	32.8	32.76	99.7	115.014

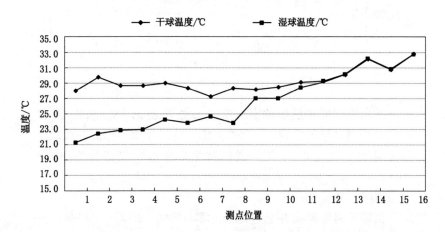

图 11-12 各测点空气的干球温度和湿球温度

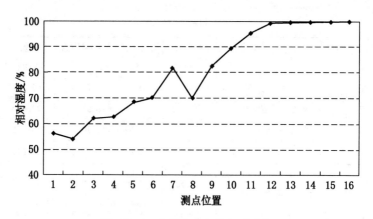

图 11-13　各测点空气的相对湿度

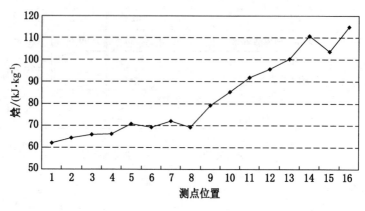

图 11-14　各测点空气的焓值

采取降温措施后各地点的空气参数见表 11-8。从表 11-8 所示的预测结果可以看出，采取降温措施后采煤工作面进风口处风流温度不超过的 26 ℃，通风降温后地面空气参数为：$t'_1 = 20.05$ ℃，$\varphi'_1 = 60\%$，$d'_1 = 0.0088$ kg/kg，$i'_1 = 42.518$ kJ/kg。

11.2.2.2　冷负荷计算

济宁三号煤矿副井总进风量达到 18000~20000 m³/min，按照总进风量 20000 m³/min 计算，空气处理前后的状态参数见表 11-9，可处理进风空气所需的冷负荷为 13538 kW。

表 11-8 采取降温措施前后各地点的空气参数

测点编号	位置	采取降温措施前			采取降温措施后			
		干球温度/℃	相对湿度/%	焓值/(kJ·kg⁻¹)	干球温度/℃	相对湿度/%	焓值/(kJ·kg⁻¹)	含湿量/(kJ·kg⁻¹)
1	副井口（地面）	28.0	56.0	62.05	20.05	60.0	42.518	0.0088
2	井底车场	29.8	54.0	64.205	21.49	60.0	44.550	0.0090
3	西辅顶盘（西辅 618 m 处）	28.7	62.1	65.845	22.15	60.0	46.190	0.0094
4	西辅底（五采联络巷处）	28.7	62.6	66.150	22.28	60.0	46.495	0.0095
5	西辅（六采联络巷处）	29.0	68.3	70.675	22.74	68.0	51.020	0.0111
6	六采区西辅运巷南	28.3	70.0	69.275	21.93	70.0	49.620	0.0108
7	六采区西辅运巷北	27.2	81.6	72.043	21.84	80.0	52.388	0.0124
8	六采区西辅与 18 采交叉口	28.3	70.0	69.275	21.93	70.0	49.620	0.0109
9	183上04 辅顺巷进风口	28.2	82.2	79.219	22.88	80.0	56.556	0.0132
10	183上04 泄水巷口（距上隅角 400 m）	28.5	89.5	85.219	23.95	85.0	62.206	0.0150
11	辅顺巷距上隅角 10 m	29.1	95.3	91.871	25.05	90.0	68.487	0.0170
12	工作面上隅角	29.3	99.4	95.677	26	90.0	72.07	0.0180

表11-9　夏季空调计算空气状态参数

夏季空调计算室外空气状态参数	进风干球温度/℃	34.9	夏季矿井井口送风空气状态参数	出风干球温度/℃	19.9
	进风湿球温度/℃	27.65		出风湿球温度/℃	18.84
	进风焓值/(kJ·kg^{-1})	89.03		出风焓值/(kJ·kg^{-1})	53.404
	进风相对湿度/%	59		出风相对湿度/%	90.22
	进风含湿量/(g·kg^{-1})	21.0		出风含湿量/(g·kg^{-1})	13.20
	密度/(kg·m^{-3})	1.104		密度/(kg·m^{-3})	1.175

11.2.2.3　热泵机组选型

系统需要总冷量为 14217 kW，设计选用 2 台离心式水源热泵机组+2 台螺杆式水源热泵机组。离心式和螺杆式热泵机组的制冷量分别为 4500 kW/台、2650 kW/台，总制冷量为 14300 kW。

11.2.2.4　井口换热器设计方案

副井口设计进风量为 1200000 m³/h（20000 m³/min），将进风空气状态（温度 34.1℃，相对湿度 60%）全部进行处理到出风空气状态（送风温度 18℃，相对湿度 100%），需要的冷负荷为 14217 kW。根据井口房能够安设换热器位置和通风断面，共设计 18 台空气换热器，单台制冷量 845 kW，风量 75000 m³/h，总制冷能力 15210 kW（富余 6.5%），总通风能力 1350000 m³/h（富余 11%），能满足空气热湿处理的要求。空气换热器安装于井口房两侧。

11.2.2.5　井口封闭技术方案

由于井口构筑物是主要运输通道，为确保通风降温效果，需加强井口构筑物密闭和控制，避免风流通过井架和东西两侧的风门进入。根据济宁三号煤矿副井口房现场实际，本着简单实用的原则，采用双层风幕密封的方法。在副井口房东西两侧大门外新建围护板房，安装两层大型厂房专用侧吹式防爆型风幕机，如图11-15 所示。

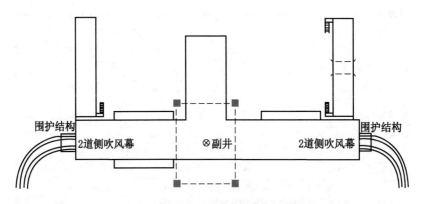

图 11-15 副井口封闭技术方案

11.2.3 系统运行测试与效果分析

11.2.3.1 测试数据

为对比运行后的效果，测试数据与系统运行前测试的数据进行了对比分析，全风量降温系统运行前后通风路线空气状态参数变化如图 11-16 和图 11-17 所示。

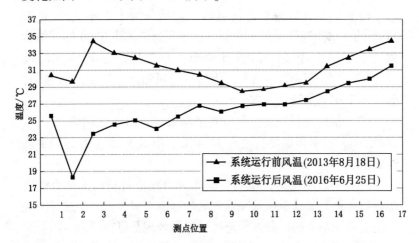

图 11-16 济宁三号煤矿全风量降温系统运行前后
通风路线上干球温度变化曲线

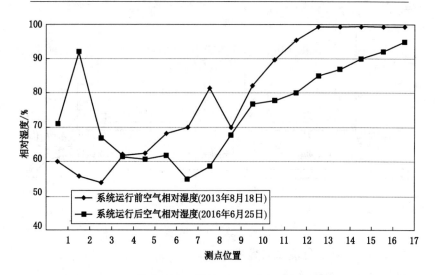

图 11-17　济宁三号煤矿全风量降温系统运行前后
通风路线上相对湿度变化曲线

11.2.3.2　系统运行效果分析

（1）副井井口无动力换热器平均风速为 1.2 m/s、风阻为
24.8 Pa、平均漏风率为 8.69%，达到了风阻不大于 50 Pa，整体
漏风率不得大于 10% 的设计要求。井口送风平均空气温度
19.34 ℃，相对湿度 91.1%，达到了送风温度小于 20 ℃，相对
湿度小于 95% 的设计要求。

（2）机组运行稳定，蒸发器平均温度：出水 7.03 ℃、回水
12.23 ℃；冷凝器温度：进水 32.4 ℃、出水 37.5 ℃；达到了设
计要求。

（3）通过测试对比说明：矿井密封效果对利用无动力空气
换热器装置的矿井全风量降温效果的影响至关重要。经过封闭处
理，实现无动力的矿井进风全风量降温处理是可行的。

（4）采取矿井全风量降温系统后，降温除湿效果显著，特
别是空气的相对湿度下降显著。井下工作人员普遍反映舒适度得
到很大的提升，矿井热湿环境得到显著改善。

11.2.3.3 结论

通过测试结果分析，井口入风温度为 16~18 ℃，温度降幅达到 15~17 ℃，下井口风温在 24 ℃以下，温度降幅达到 10 ℃左右，工作面进风温度 26 ℃以下，温度降幅在 3~5 ℃，相对湿度在 80%以下。在测试路线上，平均温度降幅在 3~5 ℃，空气相对湿度降幅达到 15%~25%。可见，通过空气换热器的实际处理风量及经空气换热器处理后的空气状态均达到了设计要求，实现了全风量降温效果，达到治理高温热害的目的。

11.3 东滩煤矿

11.3.1 矿井概况

东滩煤矿位于济宁地区，跨邹城、兖州、曲阜三县，为兖州煤田向斜的轴部，东以峄山断层为界，南邻南屯煤矿，西接鲍店煤矿，北接兴隆庄煤矿，以滋阳断层为界。井田南北长 12.4 km，东西宽约 4.8 km，面积约为 60 km²，井田内地势平坦，矿区内交通方便。矿井采用一对立井二个水平开拓，第一水平-660 m，第二水平-746 m，现开采第一水平，主采煤层为 3 层煤，为第四系覆盖下的全隐蔽井田。井田内地势平坦，矿区内交通方便。

11.3.2 矿井热害现状

东滩煤矿随着第二水平的开拓，采掘工作面的深度不断加深，地温问题愈来愈突出。为了确切知道东滩煤矿井下热环境的现状及温度分布情况，2015 年 6—8 月对东滩煤矿北翼、西翼、东翼的热害情况进行了实际调查，各翼采掘工作面的空气气象参数实测数据见表 11-10。

表 11-10 井下采区采掘工作面气温数据表

位置	干球温度/℃	湿球温度/℃	相对湿度/%	焓值/(kJ·kg⁻¹)
4313 工作面	30.0	28.51	90	88.415
6304 工作面	29.7	28.53	92	88.387

表 11-10（续）

位置	干球温度/ ℃	湿球温度/ ℃	相对湿度/ %	焓值/ (kJ·kg⁻¹)
1308 工作面	27.3	25.22	85.2	74.186
1308 工作面回风隅角	28.9	26.9	86.3	81.251
1308 运输巷（距工作面 480 m）	29.7	27.81	87.3	85.294
1308 运输巷（距工作面 1900 m）	30.2	28.4	88	87.964

由表 11-10 可以看出：北翼采掘工作面的气象参数普遍高于西翼采掘工作面的气象参数；但到东翼采煤工作面形成之后，其气象参数会大于其他两翼的气象参数。无论北翼、西翼还是东翼，其采掘工作面的温度都超过《煤矿安全规程》规定的 26 ℃，而且有些地方已经超过 30 ℃。随着开掘深度的增加，采掘工作面的温度将会进一步增加；巷道壁温也比较高，成为主要放热热源；井下气候状况较差，巷道较潮湿、闷热；井下人员热舒适性差。

东滩煤矿井地面气温对井下气温变化影响显著，春秋天气温适宜，对井下气温影响较小；冬天地面气温低，则需要对矿井进风加热；夏天地面气温高，对井下采掘工作面风温的影响比较严重，采掘工作面的风温超过 28~31 ℃，尤其在 6—9 月最为突出。此外，夏季井底车场、机电硐室等地点的温度超标，工作区作业环境差，严重影响工作效率和矿井人员身体健康。因此，如何经济合理地解决夏季矿井热害问题是当务之急。

11.3.3　矿井热害治理方案

通过对东滩煤矿热害现状和测温数据的分析表明，东滩煤矿属于"季节性热害矿井"，可采用"全风量降温技术"治理矿井热害。

11.3.3.1　入井风流温湿度预测

根据第 7 章所述的预测方法，采取降温措施后各测点的空气状态参数预测结果见表 11-11。

表 11-11 采取降温措施后各测点的空气状态参数

测点编号	测点位置	采取降温措施后		
		干球温度/℃	相对湿度/%	焓值/(kJ·kg^{-1})
1	井口 (地面)	20	90.0	49.338
2	副井井底车场	24.81	72.0	61.391
3	东翼运输大巷	24.18	73.0	59.848
4	一采区候车区	23.38	73.0	57.321
5	行人巷 (候车机尾)	23.49	73.0	57.696
6	行人巷 (候车机头)	21.93	74.0	53.733
7	一采区轨道巷 9 号	22.15	74.0	54.034
8	1308 轨道巷 (入口)	22.15	75.0	54.468
9	1308 轨道巷 (测风站)	22.65	75.0	56.000
10	1308 工作面入口	23.32	77.0	59.065
11	1308 工作面中	24.32	78.0	62.891

从表 11-11 所示的预测结果可以看出, 采取降温措施后 1308 工作面联络巷处风流温度不超过的 26 ℃, 通风降温后地面井口进风温度为 20 ℃, 相对湿度为 90%。

11.3.3.2 冷负荷计算

按照矿井总进风量 17000 m³/min, 室外空气温度 34.8 ℃、相对湿度 54%, 井口进风温度 20 ℃、相对湿度 90%, 计算矿井全风量降温冷负荷。经计算, 矿井降温冷负荷为 9784 kW, 见表 11-12。

表 11-12 井口进风、室外空气状态参数

参数	室外空气状态参数	井口进风空气状态参数
干球温度/℃	34.8	20
湿球温度/℃	26.7	18.93
焓值/(kJ·kg^{-1})	83.756	53.597

表 11-12 （续）

参数	室外空气状态参数	井口进风空气状态参数
相对湿度/%	54	90
含湿量/(g·kg⁻¹)	19.1	13.2
密度/(kg·m⁻³)	1.11	1.18

11.3.3.3 水源热泵机组选型方案

矿井全风量降温和地面加工车间空调需要总冷负荷为 10928 kW，设计选用 2 台离心式水源热泵机组，单台热泵机组的制冷量为 4000 kW；配置 2 台螺杆式水源热泵机组，单台机组的制冷量为 1478.5 kW，总制冷量 10957 kW。

11.3.3.4 井口换热器设计方案

副井口设计进风量为 17000 m³/min，处理进风空气需要制冷量为 9784 kW。根据井口房能够安设换热器位置和通风断面，共设计 46 台无动力空气换热器，其中 38 台空气换热器单台制冷量 300 kW，风量 300 m³/min，风阻力小于 22 Pa，6 台空气换热器单台制冷量 600 kW，风量 600 m³/min，风阻力小于 46 Pa，总制冷能力 15000 kW，可以满足空气热湿处理的要求。

11.3.3.5 井口封闭技术方案

由于井口构筑物是主要运输通道，为确保通风降温效果，需加强井口构筑物密闭和控制，避免风流通过井架和东西两侧的风门进入。根据东滩煤矿副井口房现场实际，本着简单实用的原则，井口房东西两侧向外延伸 30 m，每侧设置两道闭锁风门，如图 11-18 所示。

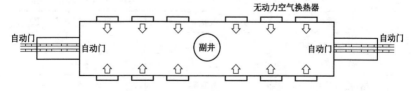

图 11-18　副井口房密闭示意图

11.4 济宁二号煤矿

11.4.1 矿井概况

济宁二号煤矿是一座年设计生产能力为 $400×10^4$ t 的大型现代化煤矿，位于山东省济宁市任城区境内，隶属兖州煤业股份有限公司。井田范围东起孙氏店断层，西以京杭大运河为界，北起兖新铁路，南至 3910000 纬线，与济宁三号煤矿毗邻，东西宽 10 km，南北长 6~11 km，面积 87.5 km²。矿井于 1989 年 12 月开工建设，1997 年 11 月 8 日正式投产，采用立井多水平开拓，第一水平 -550 m，第二水平 -740 m，开采深度 -450~-1000 m。目前正常开采的工作面分布在二采区、九采区、十采区和十一采区，中远期的重点接续地点为十三采、十五采。矿井通风方式为中央并列式，主井、副井进风，中央风井回风。2016 年核定生产能力每年 $420×10^4$ t，核定通风能力为每年 $606×10^4$ t。

11.4.2 矿井热害现状

矿井热害治理是我国煤炭生产今后需要面临的重要课题，同时也是世界性的工程难题。随着我国煤炭需求的增加，浅部资源的逐渐减少，矿井的开采深度将不断提高，矿井热害问题凸显。据不完全统计，我国目前已有 33 对千米以下矿井，工作面温度高达 30~40 ℃，相对湿度达 95%~100%。高温热害严重影响煤矿的安全生产，使得井下作业人员体能下降，工作效率降低，产生中暑，危害职工身体健康，严重时甚至危及生命。深井热害是一个广泛面临并亟待解决的关键问题。

《煤矿安全规程》第六百五十条明确规定"当采掘工作面空气温度超过 26 ℃，机电设备硐室超过 30 ℃时，必须缩短超温地点工作人员的工作时间，并给予高温保健待遇。当采掘工作面的空气温度超过 30 ℃、机电设备硐室超过 34 ℃时，必须停止作业。"矿井热害不仅影响井下作业人员的工作效率，影响矿山的经济效益，而且严重影响井下作业人员的身体健康和生命安全，严重影响矿山安全。

根据勘探地质报告，济宁二号煤矿矿井恒温带深度为 55 m、温度为 16.5 ℃；全矿井平均地温梯度 2.44 ℃/100 m，煤系地层平均地温梯度 2.96 ℃/100 m，煤系地层平均地温梯度较高。根据 3 下煤层和 16 上煤层底板地温等值线推测可知，−650 m 等高线以上，地温小于 31 ℃；−650~−900 m 等高线之间，地温一般高于 31 ℃、小于 37 ℃，为一级高温区；−900 m 等高线以下，地温一般大于 37 ℃，属于二级高温区。

11.4.3　矿井热害治理方案

通过对济宁二号煤矿热害现状和大量测温数据的分析表明，济宁二号煤矿属于"热害较严重矿井"，采用"全风量降温技术"+"井下局部式降温技术"治理矿井热害；即在原井下局部式降温系统基础上增加全风量降温系统。

11.4.3.1　地面气候状况

矿区气候温和，属温带季风区大陆性气候。年平均气温 13.5 ℃，日最高气温 41.6 ℃，最低气温−19.4 ℃。最低气温一般在每年的 1 月，平均最低气温−0.5 ℃。最高气温一般在每年的 7 月，平均最高气温 27.6 ℃。年平均降雨量 701.9 mm，年最大降雨量 1186 mm，降雨多集中在 7 月、8 月。年平均蒸发量 1819.5 mm，年最大蒸发量 2228.2 mm，年最小蒸发量为 1654.7 mm。历年最大积雪厚度约 0.15 m，最大冻土深度约 0.37 m。济宁地区月气候参数见表 11-13。

表 11-13　济宁地区月气候参数

月份	月平均温度/℃	月平均最低气温/℃	月平均最高气温/℃	月平均相对湿度/%	月平均气压/Pa	月平均降雨量/mm
1	−1.7	−6.3	4.0	55	102000	13.2
2	0.9	−4.0	6.4	50	102050	16.3
3	7.1	1.3	12.4	53	101590	26.4
4	14.2	7.6	19.0	65	101030	65.0
5	20.0	12.5	24.8	67	100490	37.8

表 11-13（续）

月份	月平均温度/℃	月平均最低气温/℃	月平均最高气温/℃	月平均相对湿度/%	月平均气压/Pa	月平均降雨量/mm
6	25.0	18.0	29.0	59	100030	65.0
7	26.8	21.5	29.3	81	99790	196.6
8	26.0	20.5	28.9	80	100110	156.3
9	21.0	14.7	25.0	79	100960	87.2
10	14.7	8.9	19.7	75	101590	43.0
11	7.4	2.7	12.6	65	101960	11.9
12	0.6	−3.9	6.0	66	102200	12.5

11.4.3.2 冷负荷计算

1. 矿井全风量降温冷负荷

按照矿井总进风量 18400 m^3/min，井筒进风温度 20 ℃、相对湿度 80%，室外空气温度 34.8 ℃、湿度 54%，计算矿井通风降温需冷量。经计算，矿井全风量降温需冷量为 11876 kW。

2. 更衣室空调冷负荷

为改善更衣室的环境条件，考虑给浴室更衣室安设空调。目前更衣室建筑面积 8000 m^2，概算空调冷负荷为 2400 kW。

3. 总冷负荷

矿井全风量降温系统和更衣室建筑空调所需的冷负荷为 14276 kW。

11.4.3.3 机组选型

设计选用 3 台离心式水源热泵机组+2 台螺杆式水源热泵，单台离心式热泵机组的制冷量为 4000 kW，单台螺杆式水源热泵制冷量 1204 kW，总制冷量为 14408 kW。

11.4.3.4 井口换热器设计方案

矿井总进风量为 18400 m^3/min，矿井全风量降温冷负荷为 11876 kW。其中副井进风量为 14400 m^3/min，冷负荷为 12000 kW，主井进风量为 4000 m^3/min，冷负荷为 2700 kW。根据井口房能够安设换热器位置和通风断面，井口房共布置 51 台无动力空气换热器，其中副井布置 48 台，单台制冷量 300 kW，风量 300 m^3/min，主井布置 6 台，单台制冷量 450 kW，风量 660 m^3/min，风阻小于 50 Pa。

11.4.3.5　井口封闭技术方案

由于井口构筑物是主要运输通道，为确保通风降温效果，需加强井口构筑物密闭和控制，避免风流通过井架和东西两侧的风门进入。

在沿着铁轨方向，利用彩钢板将副井口构筑物四周密封，副井东侧密封长约 30 m，西侧密封长约 20 m。东侧原有门处设置 2 个电动平开门，在延伸处布置 2 个电动平开门。西侧原有门处设置 2 个电动平开门，延伸处设置 3 个电动卷帘门。

每个电动平开门各设置一个红外线感应探头，当铁轨车辆运行接近电动平开门时，被红外线感应探头检测到后，其对应电动平开门开启，待车辆全部通过后，电动平开门自动关闭，其后侧对应轨道的电动平开门开启，在通过后道门以后，后道门保持关闭。

在前道电动平开门开启时，其对应的后道电动平开门保持关闭。当电动门失电时，所有电动门处于开启状态。

11.5　星村煤矿

11.5.1　矿井概况

星村煤矿隶属山东省天安矿业集团有限公司，位于山东省兖州区以东约 12 km，曲阜市西南约 9 km，主体位于曲阜市陵城镇附近。其地理坐标为：东经 116°51′15″～116°57′45″，北纬 35°28′45″～35°33′30″，面积约 32.6 km^2。井田范围：东起峄山断层，西至曲阜井田的 3Ⅰ勘探线，北以 F40 断层为界，南部边界在滋阳断层附近，与兴隆庄井田和东滩井田相邻。矿井于 2003 年 2 月建井，2006 年 10 月转入正式生产，设计生产能力为 45×10⁴ t/a，2015 年核定生产能力 90×10⁴ t/a。矿井主采煤层为 3

煤, 煤层厚度为 4. 59~9. 25 m。矿井采用立井多水平开拓, 一水平为-870 m, 二水平为-1196 m。

矿井通风方式为混合式, 通风方法为抽出式, 副井进风, 西风井、主井回风。现井下布置一个综放工作面, 五个掘进工作面。

主井地面安装两台 FBCDZ№20 型轴流式主要通风机, 分别配备两台 110 kW 电机。铭牌参数为风量 42 ~ 77 m³/s、风压1450~2750 Pa、功率 2×110 kW、转速 740 r/min。西风井地面安装两台 FBCDZ№26 型轴流式主要通风机, 分别配备两台 250 kW 电机。铭牌参数为风量 55~150 m³/s、风压 800~4200 Pa, 功率2×250 kW、转速 742 r/min。

11. 5. 2　矿井热害现状

星村煤矿主采的 3 煤层埋藏深度从-1000~-1300 m, 计算地温区间为 31. 4~36. 3 ℃。根据《矿井降温技术规范》, 井田热害区等级按原始岩温划分为一级; 采掘工作面温度 7—9 月为 30~32 ℃, 热害矿井等级按采掘工作面风流温度划分为二级。

根据矿井的测试数据, 采煤工作面最高温度达到 32 ℃, 相对湿度达到 95%以上, 掘进工作面最高温度达到 32 ℃, 机电硐室的温度普遍超过 30 ℃, 夏季热害严重, 严重影响工人的身心健康, 给矿井安全带来隐患。

11. 5. 3　矿井热害治理方案

通过对星村煤矿热害现状和大量测温数据的分析表明, 星村煤矿属于"热害较严重矿井", 采用"全风量降温技术"+"井下局部式降温技术"治理矿井热害; 即在原井下局部式降温系统基础上增加全风量降温系统。

11. 5. 3. 1　冷负荷计算

按照副井总进风量 8000 m³/min, 井口进风温度 18 ℃、相对湿度 90%, 室外空气温度 34. 8 ℃、相对湿度 65%, 考虑井口10%的漏风, 计算矿井通风降温需冷量。经计算, 矿井全风量降温需冷量为 6375 kW, 见表 11-14。

表 11-14　冷负荷计算参数

参数	室外空气状态参数	井口进风空气状态参数
干球温度/℃	34.8	18
湿球温度/℃	28.72	17.02
相对湿度/%	65	90
焓值/$(kJ \cdot kg^{-1})$	94.865	47.938
含湿量/$(g \cdot kg^{-1})$	23.3	11.8
密度/$(kg \cdot m^{-3})$	1.09	1.1743
地面大气压力/kPa	100	——

11.5.3.2　机组配置方案

由于地面气候随着季节发生变化，不同时段制冷负荷将随着地面空气负荷的变化而变化。考虑到运行的优化，最大限度地节约能源，按照矿井降温对冷负荷的要求，设计选用 3 台螺杆式水源热泵机组，单台制冷量为 2299 kW，总制冷量 6897 kW。

11.5.3.3　井口换热器设计方案

副井口设计进风量为 8000 m^3/min，设计冷负荷为 6375 kW。根据井口房能够安设换热器位置和通风断面，共设计 24 台空气换热器，单台制冷量 350 kW，风量 240 m^3/min，风阻力小于 50 Pa，换热器总制冷能力 8400 kW，能满足空气热湿处理的要求。

11.5.3.4　井口封闭技术方案

由于井口构筑物是主要运输通道，为确保通风降温效果，需加强井口构筑物密闭和控制，避免风流通过井架和东西两侧的风门进入。

在沿着铁轨方向，利用彩钢板将副井口构筑物四周密封，副井东侧密封长约 30 m，西侧密封长约 20 m。东侧原有门处设置 2 个电动卷帘门，在延伸处布置 2 个电动卷帘门。西侧原有门处设置 2 个电动卷帘门，延伸处设置 3 个电动卷帘门。

每个电动卷帘门各设置一个红外线感应探头，当铁轨车辆运行接近电动卷帘门时，被红外线感应探头检测到后，其对应电动卷帘门开启，待车辆全部通过后，电动卷帘门自动关闭，其后侧对应轨道的电动卷帘门开启，在通过后道门以后，后道门保持关闭。

在前道电动卷帘门开启时，其对应的后道电动卷帘门保持关闭。当电动门失电时，所有电动门处于开启状态。

11.6 鲍店煤矿

11.6.1 矿井概况

鲍店煤矿是兖矿集团下属的大型现代化矿井，煤田跨邹城、兖州两市。矿井于 1977 年 10 月 14 日动工兴建，1986 年 6 月 10 日建成投产，现有职工 5300 余人，配有同等产能的现代化选煤厂一座。目前，核定年生产能力已达 $600×10^4$ t，配有同等产能的现代化洗煤厂一座。

矿井采用立井开拓，在井田中央设主副立井，设南、北翼风井，采用两翼对角抽出式通风。煤层分组采区上（下）山联合布置的开拓方式，分为两个开采水平，第一开采水平为 −430 m，主要开采 3 煤（井田南部为 3 上、3 下煤）；第二开采水平为 −590 m，主要开采 16 上煤、17 煤。

11.6.2 矿井热害现状

鲍店煤矿随着矿井的延伸开拓，采掘工作面的深度不断加深，地温问题也越发突出。为了明确鲍店煤矿井下热环境的现状及温度分布情况，矿方与有关课题研究组于 2018 年 8 月对鲍店煤矿十采区的 103$_{下}$06 综采工作面、七采胶轮车巷综掘工作面以及七采区 7302 胶顺综掘工作面的热害情况进行了实际调查，各巷道断面及工作面的空气状态参数实测数据见表 11–15。

由表 11–15 可以看出：副井下井口至大巷段受地面空气温度、湿度影响大，硐室温度接近或超过 30 ℃，主要大巷相对湿度均在 80% 以上；空气焓值沿程增加，从地面到采区巷道段增加幅度较小，而采区巷道至工作面段增加幅度较大。各采掘工作面入口进风温度达到 28~29 ℃，相对湿度 99% 以上，特别是 7302

表 11-15 鲍店煤矿井下各巷道及工作面气温数据表

测点位置	干球温度/℃	湿球温度/℃	相对湿度/%	体感温度/℃	熔值/(kJ·kg⁻¹)
井底车场	32.0	26.5	52	35.1	60.79
南大巷与十采交叉点	30.5	27.0	72	34.7	69.61
七采胶轮车巷风机前 10 m	29.5	27.0	80	33.5	73.21
七采胶轮车巷迎头	28.0	28.0	100	34.4	86.47
103下06 工作面中部	28.5	28.5	100	34.8	88.98
7302 胶顺风机前 10 m	28.5	28.0	96	34.2	83.49
7302 开切眼迎头	30.0	29.5	99	37.5	92.14

综掘工作面出中段和迎头温度达到 30 ℃，相对湿度达 99%。工作面的温度均已超过《煤矿安全规程》第六百五十五条采掘工作面空气温度不超过 26 ℃ 的规定，部分工作地点温度甚至已经超过30 ℃。随着开拓线路和深度的增加，采掘工作面的空气干、湿度及熔值均进一步增加，井下气候状况继续恶劣，巷道潮湿、闷热，井下工作人员的热舒适性较差，严重影响工作效率。

11.6.3 矿井热害治理方案

通过对鲍店矿热害现状和测温数据的分析表明，鲍店矿属于"季节性热害矿井"，可采用"全风量降温技术"治理矿井热害。

11.6.3.1 冷负荷计算

1. 矿井全风量降温冷负荷

按照副井需降温总进风量 18000 m³/min，室外空气温度 34.1 ℃、相对湿度 60%，井口进风温度 22 ℃、相对湿度 92%，计算矿井全风量降温冷负荷。经计算，矿井降温所需冷负荷为 8813 kW。

2. 附属建筑空调冷负荷

为改善井口附近相关建筑的作业环境条件，考虑给副井绞车房、支护材料车间、主井电控设备间、井口联合建筑（井口食堂、等候室）等建筑物夏季降温除湿，需要制冷面积约 2440 m²，空调计算冷负荷约为 934 kW，矿井降温冷负荷和井口附属建筑空调冷负荷合计 9747 kW。

11.6.3.2 热泵机组选型

矿井全风量降温和地面建筑空调需要总冷负荷为 9747 kW,设计选用 2 台离心式水源热泵机组,单台热泵机组的制冷量为 4000 kW;选用 2 台螺杆式水源热泵机组,单台水源热泵机组的制冷量为 1400 kW,总制冷量 10800 kW。

11.6.3.3 井口换热器设计方案

副井口进风量为 18000 m^3/min,对矿井进风空气进行处理需要的冷负荷为 8813 kW。根据井口房能够安设换热器位置和通风断面,共安装 40 台表面式换热器,单台冷量为 300 kW,总换冷量 12000 kW(表 11-16);东西绞车房各安装 1 台表面式换热器。

表 11-16 表面式空气换热器参数

序号	位置	数量	单台风量/ ($m^3 \cdot min^{-1}$)	单台冷量/ kW	风阻/ Pa	安装位置
1	表面式换热器 A	40	450	300	28	副井
2	表面式换热器 B	2	450	300	28	东西绞车房

对副井井口房西侧原空气加热室(20 间)进行改造,新建副井井口房东侧空气加热室 20 间,布置换热器。

11.6.3.4 副井口封闭技术方案

由于井口构筑物是主要运输通道,为确保通风降温效果,需加强井口构筑物密闭和控制,避免风流通过井架和东西两侧的风门进入。

(1)将原有的副井主要进风口(南北进出车口)安装快速自动封闭平开门方式进行密封,即将北进车口的围护结构沿轨道延长 40 m,在延长出来的围护结构北墙和现围护结构北墙处各设置一道封闭门,两道封闭门的间距为 40 m。南出车侧环形走廊前的原有门洞处、西出车口处和北出车廊内各设置一道封闭门,鲍店煤矿副井口房封闭示意图如图 11-19 所示。

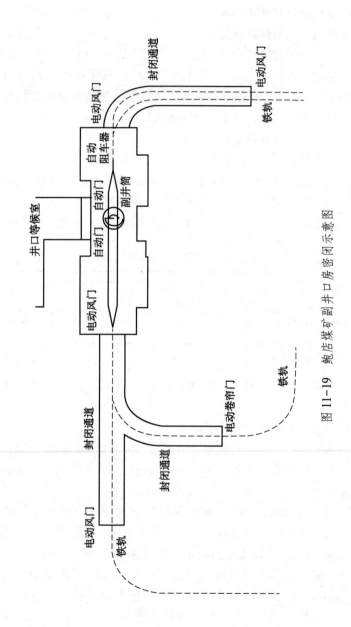

图 11-19　鲍店煤矿副井井口房密闭示意图

（2）每道封闭门前侧 3~5 m 处安装自动阻车器，与封闭门实现之间闭锁，即封闭门打开后阻车器才能打开，阻车器关闭后封闭门才允许关闭。

（3）每个快速封闭门前后适当距离设置红外线对射自动感应系统，当矿车运行接近封闭门时，被感应探头检测到后，阻车器打开，然后其对应封闭门快速开启。待车辆全部通过后，阻车器关闭，然后封闭门快速关闭。

（4）在前道封闭门开启时，其对应的后道封闭门应保持关闭。当封闭门失电时，所有封闭门应处于开启状态。

11.7　兴隆庄煤矿

11.7.1　矿井概况

兴隆庄煤矿位于山东省济宁市兖州区境内，行政区划归济宁市管辖。兴隆庄煤矿是省属国有企业，隶属于兖州煤业股份有限公司。

兴隆庄井田位于兖州煤田的东北角，横跨兖州、曲阜两市。井田东西长 10.4 km，南北宽 4.7 km，面积约 56.23 km²。矿井于 1975 年 2 月动工建设，1981 年 12 月 21 日建成投产，设计生产能力 $300×10^4$ t/a，服务年限 97.87 年。根据山东省能源局《山东省煤矿生产能力情况的公告》，矿井公告生产能力为 $600×10^4$ t/a。

兴隆庄煤矿为立井单水平（-350 水平）开拓，主井采用箕斗提升，负责原煤提升任务；副井主要用来升降人员、材料和矸石。风井设在井田浅部两侧，采用对角式抽出通风方式，由主、副井进风，东、西风井回风。

井下开拓分东西两翼，东翼有一、三、五、七采区，西翼有二、四、十采区，其中一、四采区下部，五、七、十采区为下山采区联合布置方式，二、三、四采区上部为上山采区联合布置方式。

矿井平均地温梯度为 2.44 ℃/hm，通常在-600 m 以上地温不超过 32 ℃。现开采深度较深至−600 m，夏季生产受地温和季节影响，地温问题愈来愈突出。兴隆庄煤矿井地面气候对井下气候变化影响显著，春秋天气候适宜，对井下气候影响较小；冬天地面气温低，则需要对矿井进风加热；夏天地面气温高，对井下采掘工作面风温的影响比较严重，采掘工作面的风温超过 28 ~ 29 ℃，尤其在 6—9 月最为突出。此外，夏季中央变电所、机电硐室等地点的温度超标，工作区作业环境差，严重影响工作效率和矿井人员身体健康。因此，如何经济合理地解决夏季矿井热害问题是当务之急。

11.7.2 矿井热害现状

兴隆庄煤矿随着矿井的延伸开拓，采掘工作面的深度不断加深，地温问题也愈发突出。为了明确兴隆庄煤矿井下热环境的现状及温度分布情况，矿方于 2020 年 8 月对兴隆庄煤矿主要采掘地点和机电硐室等作业地点进行了实际调查，实测数据见表11−17。

表 11−17 兴隆庄煤矿井下各巷道及工作面气温数据表

测点位置	干球温度/℃	湿球温度/℃	相对湿度/%	焓值/(kJ·kg⁻¹)
副井下井口	26.0	24.79	90	75.63
10304 综放工作面皮带机头	30.0	27.17	80	86.09
3306 工作面回风巷	28.0	26.02	85	80.90
一采三号带式输送机机头	30.0	29.84	98	99.18
7308 运煤巷、运顺中部	28.0	26.74	90	84.10
−270 变电所	33.0	31.30	88	107.04
中央泵房	34.0	31.78	85	109.77

由上表可以看出：副井下井口受地面空气温度、湿度影响大，带式输送机机头温度接近或超过 30 ℃，主要工作地点相对湿度均在 90% 以上；各采掘工作面入口进风温度达到 28 ~ 29 ℃，

相对湿度 90% 以上，特别是一采三号带式输送机机头干球温度达到 30 ℃，相对湿度高达 98%。工作面的温度均已超过《煤矿安全规程》第六百五十五条采掘工作面空气温度不超过 26 ℃ 的规定，部分工作地点温度甚至已经超过 30 ℃。随着开拓线路和深度的增加，采掘工作面的空气干、湿度均进一步增加，井下气候状况继续恶劣，巷道潮湿、闷热，井下工作人员的热舒适性较差，严重影响工作效率。

经前期调研，兴隆庄煤矿编制了《兴隆庄 2021 年安全改造项目可行性研究（初步设计）》上报煤业公司审查。《兴隆庄 2021 年安全改造项目可行性研究（初步设计）》确定了夏季采用全风量降温技术，利用冷水机组向井口房换热器提供 5~7 ℃ 的冷冻水，经井口表面冷却器冷却矿井进风，降低井下工作面的温度和湿度；冬季利用市政热水经板式换热器向井口房提供井口保温所需热量。

11.7.3 矿井热害治理方案

通过对兴隆庄煤矿热害现状和测温数据的分析表明，兴隆庄煤矿属于"季节性热害矿井"，可采用"全风量降温技术"治理矿井热害。

11.7.3.1 冷负荷计算

副井口进风量 18500 m^3/min，室外空气温度 34.1 ℃、相对湿度 60%，设计井口进风温度 22 ℃、相对湿度 92%，所需的冷负荷为 9792 kW。副井井口等候室等建筑物夏季空调计算冷负荷约为 150 kW，总冷负荷 9942 kW。

11.7.3.2 机组选型

兴隆庄煤矿降温总冷负荷为 9942 kW，由于地面气候随着季节发生变化，不同时段制冷负荷将随着地面空气负荷的变化而变化。考虑到运行的优化，最大限度地节约能源，按照矿井降温对冷负荷的要求，设计配置 2 台离心式冷水机组（单台制冷量 4000 kW）和 2 台螺杆式冷水热回收机组（单台制冷量 1400 kW），总制冷量为 10806 kW。

11.7.3.3 空气换热器设计方案

副井需进行热湿处理的空气量为 19500 m^3/min，处理进风空气需要制冷量为 9792 kW。根据井口房能够安设换热器位置和通风断面，共设计 42 台无动力空气换热器，单台制冷量大于 300 kW，风量 450 m^3/min，风阻力小于 50 Pa，总制冷能力 12600 kW，可以满足空气热湿处理的要求。空气换热器安装于井口房两侧。空气换热器实物如图 11-20 所示。

图 11-20 空气换热器实物

11.7.3.4 副井井口房封闭技术方案

1. 副井井口房现状

兴隆庄煤矿副井口房包含提升机房、东进车房、西出车房、自动滑行走廊，其中东进车房长 42 m，西出车房长 36 m，进出车房的高度为 5.4 m。东西进出车房的东西墙壁两侧均建有砖混结构的空气加热室，空气加热室高度为 3.30 m。东进车房和西出车房东西墙壁均设有空气加热器出风百叶。

2. 副井井口房封闭

东西进出车房、自动滑行廊道是主要运输通道，为确保降温效果，减少无效冷损失，需加强井口构筑物密闭和控制，避免风流通过井架和东西两侧的风门直接进入。

将原有的副井主要进风口（东西进出车口、自动滑行廊道）安装快速自动封闭平开门方式进行密封，即将东进车口的围护结构沿轨道延长86 m，在延长出来的围护结构东墙、现围护结构东墙各设置一道封闭门，两道封闭门的间距为86 m，并在穿越轨道的东墙、北墙处设置三道封闭门。西出车侧环形走廊前的原有门洞处、西出车口处和北自动滑行走廊内各设置一道封闭门。

每道封闭门前侧3~5 m处安装自动阻车器，与封闭门之间实现闭锁，即封闭门打开后阻车器才能打开，阻车器关闭后封闭门才允许关闭。

每个快速封闭门前后适当距离设置红外线对射自动感应系统，当矿车运行接近封闭门时，被感应探头检测到后，阻车器打开，然后其对应封闭门快速开启。待车辆全部通过后，阻车器关闭，然后封闭门快速关闭。

在前道封闭门开启时，其对应的后道封闭门应保持关闭。当封闭门失电时，所有封闭门应处于开启状态。

3. 副井空气加热室改造

副井口房需进行热湿处理的空气量为19500 m^3/min，为了降低表面式空气换热器的通风阻力，迎面设计风速取1.6 m/s，则副井口房表面式空气换热器所需的有效通风截面为203 m^2，百叶遮挡系数取0.75，则总通风截面积为270 m^2。

为减少工程量，安装表面式空气换热器应首先利用现有的空气加热室，故根据现场实际，首先对副井井口房西侧现有的空气加热室进行改造，拆除现有加热设施，扩大通风口面积，安装10台表面式空气换热器。另外，整体拆除副井口房北侧的现有空气加热室以及南侧部分现有耳房，在原位置新建空气加热室共计18间，安装32台表面式空气换热器。所有空气加热室进出风口百叶保证总进风面积不小于230 m^2。

参 考 文 献

[1] 中华人民共和国国家统计局编. 中国统计年鉴（2021）[M]. 北京：中国统计出版社，2011.

[2] 吕建中. 以立为先的能源安全转型发展逻辑 [J]. 世界石油工业，2022（029-003）.

[3] 高宏杰. 煤炭行业发展现状和供需形势分析 [J]. 中国煤炭工业，2022（3）：3.

[4] 林伯强. 中国能源发展报告 2021 [M]. 北京：科学出版社，2021.

[5] 国家能源局. 煤炭工业发展"十三五"规划 [S]. 2016.

[6] 何花，李鑫，郝成亮. 我国煤炭深部开采战略研究 [J]. 煤炭经济研究，2021，41（9）：45-51.

[7] 程力，张涛，汪林红，等. 新型矿井通风降温技术装置的试验研究 [J]. 金属矿山，2021（2）：209-214.

[8] 底青云，杨长春，朱日祥. 深部资源探测核心技术研发与应用 [J]. 中国科学院院刊，2012，27（3）：389-394.

[9] 李夕兵，黄麟淇，周健，等. 硬岩矿山开采技术回顾与展望 [J]. 中国有色金属学报，2019，29（9）：1828-1847.

[10] 杨德源，杨天鸿. 矿井热环境及其控制 [M]. 北京：冶金出版社，2009.

[11] 康长豪，查文华，张亮，等. 深部开采高温控制理论与技术分析 [J]. 煤矿安全，2016，47（5）：89-93.

[12] 徐宇，李孜军，贾敏涛，等. 深部矿井热害治理协同地热能开采构想及方法分析 [J]. 中国有色金属学报，2022，32（5）：1515-1527.

[13] 陈宏念. 千米深井条带开采沉陷规律研究及应用——以张小楼矿区为例 [D]. 江苏：中国矿业大学，2017.

[14] 任辉，牛文治，虢鼎锡. 深地资源开发利用相关地质问题研究 [J]. 中国国土资源经济，2020，33（7）：6.

[15] 茅艳. 人体热舒适气候适应性研究 [D]. 西安：西安建筑科技大学，2007.

[16] 魏小宾. 金渠金矿深井开采通风系统优化改造与热害治理研究 [D]. 西安：西安建筑科技大学，2018.

[17] 陈安国. 矿井热害产生的原因、危害及防治措施 [J]. 中国安全科学

学报，2004，14（8）：3-6.

[18] 何满潮，王春光，李德建，等. 单轴应力-温度作用下煤中吸附瓦斯解吸特征［J］. 岩石力学与工程学报，2010，29（5）：865-872.

[19] 吉春和，常嘉林. 新型矿井移动式局部降温技术及应用［J］. 煤炭科学技术，2015，43（10）：103-106.

[20] 郭平业. 我国深井地温场特征及热害控制模式研究［D］. 北京：中国矿业大学（北京），2010.

[21] Guo K H, Shu B F, Yang W J . Advances and applications of gas hydrate thermal energy storage technology ［C］// Proceedings of the 1stTrabzon Int. Energy and Environment Symp. Turkey：Karadeniz Technology University Press，1996：381-386.

[22] Guo K H, Shu B F, Zhang Y . Transient behavior of energy charge-discharge and solid-liquid phase charge in mixed gas-hydrate formation ［C］// Heat transfer science and technology，1996.

[23] 平松良雄. 通风学 ［M］. 北京：冶金工业出版社，1981.

[24] Shi S, Chen H, Teakle P, et al. Characteristics of coal mine ventilation air flows ［J］. Journal of Environmental Management，2008，86（1）：44-62.

[25] Parra M T, Villafruela J M, Castro F, et al. Numerical and experimental analysis of different ventilation systems in deep mines ［J］. Building & Environment，2006，41（2）：87-93.

[26] 舍尔巴尼. 矿井降温指南 ［M］. 北京：煤炭工业出版社，1982.

[27] 岑衍强，侯祺棕. 矿内热环境工程 ［M］. 武汉：武汉工业大学出版社，1989.

[28] 周西华，单亚飞，王继仁. 井巷围岩与风流的不稳定换热 ［J］. 辽宁工程技术大学学报，2002，21（3）：264-266.

[29] 刘何清. 巷道变温圈内温度分布及不稳定传热系数求解方法 ［J］. 湖南科技大学学报（自然科学版），2015，30（4）：7-13.

[30] Malcolm, J, Mcpherson. Mine ventilation planning in the 1980s ［J］. Geotechnical & Geological Engineering，1984.

[31] 孟庆林，陈启高，冉茂裕，等. 关于蒸发换热系数的证明 ［J］. 太阳能学报，1999，20（2）：216-219.

[32] 高佳南，吴奉亮. 巷壁与风流间对流换热系数计算及敏感性分析 ［J］. 煤矿安全，2021，52（9）：211-217.

[33] 侯祺棕，沈伯雄．井巷围岩与风流间热湿交换的温湿预测模型 [J]．武汉工业大学学报，1997（3）：125-129．

[34] 李宗翔，刘江，王天明．井巷除湿降温风流温度分布模型计算研究 [J]．矿业安全与环保，2019，46（1）：1-4．

[35] 辛嵩，李洪雨，宋明达，等．风流温度周期性变化的围岩传热数学模型研究 [J]．矿业研究与开发，2020，40（4）：109-113．

[36] 张一夫，倪景峰，戴文智．基于热湿交换理论的巷道风流温、湿度影响因素研究 [J]．中国安全生产科学技术，2019，15（2）：118-123．

[37] 胡军华．高温深矿井风流热湿交换及配风量的计算 [D]．山东：山东科技大学，2004．

[38] C. Van Heerden. A Problem of Unsteady Heat Flow in Connection with the Cooling of Collieries, Preceedings of the General Discussion on Heat Flow [J]. Inst. Mech. Eng, 1951：283-285.

[39] Köning H. Mathematische Unteruchungen über das Grubenklima Bergbau Archiv [J]. 1952, 13.

[40] 平松良雄．关于坑内气流的温度变化 [J]．日本矿业会志，1951．

[41] 天野勋三．关于坑道周边的岩盘温度 [J]．日本矿业会志，1952．

[42] 内野健一，等．关于坑道周边岩盘中的温度分布及从岩盘放散的热量 [J]．日本矿业会志，1980．

[43] 内野健一，等．关于基点温度变动场合通气温度计算的研究 [J]．日本矿业会志，1982．

[44] 内野健一，等．湿润坑道的通气温度及湿度的变化 [J]．日本矿业会志，1980．

[45] A. F. C. Sherrat. Calculation of thermal constants of Rocks from Temperature data [J]. Colliery Guardian, 1967, 214：668-672.

[46] 王志军．高温矿井地温分布规律及其评价系统研究 [D]．泰安：山东科技大学，2006．

[47] 朱庭浩．通风时间对巷道围岩温度场影响规律的研究 [J]．煤矿安全，2010（2）：10-13．

[48] 胡金涛．朱集煤矿地温参数测定及规律分析 [J]．煤矿开采，2015，20（4）：136-139．

[49] 侯祺棕，沈伯雄．调热圈半径及其温度场的数值解算模型 [J]．湘潭

矿业学院学报，1997，12（1）：14-15.

[50] 吴强，秦跃平，郭亮. 巷道围岩非稳态温度场有限元分析 [J]. 辽宁工程技术大学学报，2002，21（5）：604-607.

[51] 孙培德. 深井巷道围岩地温场温度分布可视化模拟研究 [J]. 岩土力学，2005，26（S）：222-226.

[52] 宋东平，周西华，白刚，等. 高温矿井主动隔热巷道围岩温度场分布规律研究 [J]. 煤炭科学技术，2017，45（12）：107-113.

[53] 高建良，杨明. 巷道围岩温度分布及调热圈半径的影响因素分析 [J]. 中国安全科学学报，2005（2）：76-79.

[54] 樊小利，张学博. 围岩温度场及调热圈半径的半显式差分法解算 [J]. 煤炭工程，2011（11）：82-84.

[55] 秦跃平，宋怀涛，吴建松，等. 周期性边界下围岩温度场有限体积法分析 [J]. 煤炭学报，2015，40（7）：1541-1549.

[56] 王义江，周国庆，魏亚志. 深部巷道非稳态温度场演变规律试验研究 [J]. 中国矿业大学学报，2011，40（3）：345-350.

[57] 张源. 高地温巷道围岩非稳态温度场及隔热降温机理研究 [D]. 徐州：中国矿业大学，2013.

[58] 高佳南，李超，吴奉亮，等. 巷道入口风温季节性变化下围岩温度场及其影响因素分析 [J]. 矿业安全与环保，2021，48（6）：19-24.

[59] 高佳南. 井巷围岩对风流调热能力模拟研究 [D]. 西安：西安科技大学，2017.

[60] 贺玉龙，赵文，张光明. 温度对花岗岩和砂岩导热系数影响的试验研究 [J]. 中国测试，2013，39（1）：114-116.

[61] 高建良，徐文，张学博. 围岩散热风流温度、湿度计算时水分蒸发的处理 [J]. 煤炭学报，2010，35（6）：951-955.

[62] 杨世铭，陶文铨. 传热学 [M]. 北京：高等教育出版社，2006.

[63] 苏亚欣，传热学 [M]. 武汉：华中科技大学出版社，2009.

[64] Charles Effiong, Gilles Sassatelli, Abdoulaye Gamatie. Exploration of a scalable and power-efficient asynchronous Network-on-Chip with dynamic resource allocation [J]. Microprocessors and Microsystems, 2018, 60.

[65] Peter Monk, Endre Süli. A Convergence Analysis of Yee's Scheme on Non-uniform Grids [J]. SIAM Journal on Numerical Analysis, 1994, 31（2）.

[66] 王亚超，王伟峰，韩力，等. 高地温矿井巷道围岩调热圈温度分布

规律试验研究 [J]. 能源与环保, 2018, 40 (7): 44-48.

[67] 宋怀涛. 井巷风温周期性变化下围岩温度场数值模拟及实验研究 [D]. 北京: 中国矿业大学 (北京), 2016.

[68] 何发龙, 魏亚兴, 胡汉华, 等. 巷道调热圈半径及其温度场分布的 数值模拟研究 [J]. 铁道科学与工程学报, 2016, 13 (3): 538-543.

[69] 何理, 蒋仲安, 钟茂华. 正交实验法优选煤炭自燃凝胶阻化剂及其 应用 [J]. 中国安全生产科学技术, 2006 (4): 40-44.

[70] Hong Lu. Orthogonal experiment data analysis based on optimal discrimination plane and its application [J]. 2009 WRI World Congress on Computer Science and Information Engineering, CSIE, 2009: 215-219.

[71] Ozdemir M B, Acir A. Optimization of the effective parameters on ground-source heat pump for space cooling application by Taguchi method [J]. Heat Transfer Research, 2020, 51 (6): 537-550.

[72] 陈青林, 陈庆发, 钟琼英, 等. 深井巷道风流性质与围岩调热圈参 数匹配关系研究 [J]. 金属矿山, 2017 (4): 169-176.